技能型紧缺人才培养培训系列教材

机床排故典型案例分析

主 编 陈晓萍

参 编 曾木连 李荣福 吴景浩

洋冬兰 阙海燕 张伟菊

南京大学出版社

前　　言

为了更好地适应学校电子电工类专业的教学要求，全面提升教学质量，提高学生考证通过率，学校组织本专业教师在充分调研学生实际情况和教师教学情况，广泛听取教师对校本教材反馈意见的基础上，吸收和借鉴各地职业技术学校校本课程开发经验，对我校电子电工类校本教材《机床排故典型案例分析》进行编订。

在学习了常用低压电器及其拆装与维修、电动机基本控制线路及其安装、调试与维修的基础上，本用书是根据中级维修电工的考核要求，通过对普通车床、摇臂钻床、平面磨床、万能铣床、卧式镗床、桥式起重机等具有代表性的常用生产机构的电气控制线路进行工作原理分析指导、故障检测实验指导，以提高学生在实际考核中综合分析和排除故障的能力。

本书共七个项目。项目一是“工业机床电气设备维修的一般要求和方法”，主要阐述机床电气设备在遇到故障需要维修时的一般要求和方法。项目二到项目三具体介绍了六个具有代表性的生产机构的电气控制线路的工作原理、试运行操作及故障分析。本书以引发学生思考和探究为主线，突出项目教学，通过具体的项目活动掌握相关知识和技能，培养学生的学习能力。

本书使用时间为一个学期，建议每周安排 2 次课，每次课三节课联排。

前　言

目　　录

项目一　工业机床电气设备维修的一般要求和方法

一、项目目标

- 认识机床电气设备维修的一般要求
- 掌握机床电气设备维修的一般方法

二、项目描述

通过理论学习，认识机床电气设备维修的一般要求，掌握机床电气设备维修的一般方法

三、项目准备

（一）机床电气设备维修的一般要求

电气设备在运行的过程中，由于各种原因难免会产生各种故障，致使工业机械不能正常工作，不但影响生产效率，严重时还会造成人身设备事故。因此，电气设备发生故障后，维修电工能够及时、熟练、准确、迅速、安全地查出故障，并加以排除，尽早恢复工业机械的正常运行，是非常重要的。

对工业机床电气设备维修的一般要求是：

1. 采取的维修步骤和方法必须正确，切实可行。

2. 不得损坏完好的电器元件。

3. 不得随意更换电器元件及连接导线的型号规格。

4. 不得擅自改动线路。

5. 损坏的电气装置应尽量修复使用，但不得降低其固有的性能。

6. 电气设备的各种保护性能必须满足使用要求。

7. 绝缘电阻合格，通电试车能满足电路的各种功能，控制环节的动作程序符合要求。

8. 修理后的电器装置必须满足其质量标准要求。电器装置的检修质量标准是：

(1) 外观整洁，无破损和碳化现象。

(2) 所有的触头均应完整、光洁、接触良好。

(3) 压力弹簧和反作用力弹簧应具有足够的弹力。

(4) 操纵、复位机构都必须灵活可靠。

(5) 各种衔铁运动灵活，无卡阻现象。

(6) 灭弧罩完整、清洁，安装牢固。

(7) 整定数值大小应符合电路使用要求。

(8) 指示装置能正常发出信号。

（二）机床电气设备维修的一般方法

电气设备的维修包括日常维护保养和故障检修两方面。

1. 电气设备的日常维护和保养

电气设备在运行过程中出现的故障，有些可能是由于操作使用不当、安装不合理或维修不正确等人为因素造成的，称为人为故障。而有些故障则可能是由于电气设备在运行时过载、机械振动、电弧的烧损、长期动作的自然磨损、周围环境温度和湿度的影响、金属屑和油污等有害介质的侵蚀以及电器元件的自身质量问题或使用寿命等原因而产生的，称为自然故障。显然，如果加强对电气设备的日常检查、维护和保养，及时发现一些非正常因素，并给予及时的修复和更换处理，就可以将故障消灭在萌芽状态，防患于未然，使电气设备少出甚至不出故障，以保证工业机械的正常运行。

电气设备的日常维护保养包括电动机和控制设备的日常维护保养。

(1) 电动机的日常维护保养

① 电动机应保持表面清洁，进、出风口必须保持畅通无阻，不允许水滴、

油污或金属屑等任何异物掉入电动机的内部。

② 经常检查运行中的电动机负载电流是否正常,用钳形电流表查看三相电流是否平衡,三相电流中的任何一相与其三相平均值相差不允许超过10%。

③ 对工作在正常环境条件下的电动机,应定期用兆欧表检查其绝缘电阻;对工作在潮湿、多尘及含有腐蚀性气体等环境条件的电动机,更应该经常检查其绝缘电阻。三相380 V的电动机及各种低压电动机,其绝缘电阻至少为0.5 MΩ方可使用。高压电动机定子绕组绝缘电阻为1 MΩ/kV,转子绝缘电阻至少为0.5 MΩ/kV,方可使用。若发现电动机的绝缘电阻达不到规定要求时,应采取相应措施处理后,使其符合规定要求,方可继续使用。

④ 经常检查电动机的接地装置,使之保持牢固可靠。

⑤ 经常检查电源电压是否与铭牌相符,三相电源电压是否对称。

⑥ 经常检查电动机的温升是否正常。交流三相异步电动机各部位温度的最高允许值见表1-1。

表1-1　三相异步电动机的最高允许温度(用温度计量法,环境温度+40℃)

绝缘等级		A	E	B	F	H
最高允许温度(℃)	定子和绕线转子绕组	95	105	110	125	145
	定子铁心	100	115	120	140	165
	滑环	100	110	120	130	140

注:对于滑动和滚动轴承的最高允许温度分别为80℃和95℃。

⑦ 经常检查电动机的振动、噪声是否正常,有无异常气味、冒烟、启动困难等现象。一旦发现,应立即停车检修。

⑧ 经常检查电动机轴承是否有过热、润滑脂不足或磨损等现象,轴承的振动和轴向位移不得超过规定值。轴承应定期清洗检查,定期补充或更换轴承润滑脂(一般一年左右)。电动机的常用润滑脂特性见表1-2。

⑨ 对绕线转子异步电动机,应检查电刷与滑环之间的接触压力、磨损及火花情况。当发现有不正常的火花时,需进一步检查电刷或清理滑环,并校正电刷弹簧压力。一般电刷与滑环的接触面的面积不应小于全面积的75%;电刷压强应为15 000～25 000 Pa;刷握和滑环间应有2～4 mm间距;电刷与刷握内壁应保持0.1～0.2 mm间隙;对磨损严重者需更换。

表 1－2　各种电动机使用的润滑脂特性

名　称	钙基润滑脂	钠基润滑脂	钙钠基润滑脂	铝基润滑脂
最高工作温度(℃)	70～85	120～140	115～125	200
最低工作温度(℃)	≥－10	≥－10	≥－10	—
外观	黄色软膏	暗褐色软膏	淡黄色深棕色软膏	黄褐色软膏
适用电动机	封闭式、低速轻载的电动机	开启式、高速重载的电动机	开启式及封闭式高速重载的电动机	开启式及封闭式的电动机

⑩ 对直流电动机应检查换向器表面是否光滑圆整，有无机械操作或火花灼伤。若粘有碳粉、油污等杂物，要用干净柔软的白布蘸酒精擦去。换向器在负荷下长期运行后，其表面会产生一层均匀的深褐色的氧化膜，这层薄膜具有保护换向器的功效，切忌用砂布磨去。但当换向器表面出现明显的灼痕或因火花烧损出现凹凸不平的现象时，则需要对其表面用零号砂布进行细心的研磨或用车床重新车光，而后再将换向器片间的云母下刻 1～1.5 mm 深，并将表面的毛刺、杂物清理干净后，方能重新装配使用。

⑪ 检查机械传动装置是否正常，联轴器、带轮或传动齿轮是否跳动。

⑫ 检查电动机的引出线是否绝缘良好、连接可靠。

（2）控制设备的日常维护保养

① 电气柜的门、盖、锁及门框周边的耐油密封垫均应良好。门、盖应关闭严密，柜内应保持清洁，不得有水滴、油污和金属屑等进入电气柜内，以免损坏电器造成事故。

② 操纵台上的所有操纵按钮、主令开关的手柄、信号灯及仪表护罩都应保护清洁完好。

③ 检查接触器、继电器等电器的触头系统吸合是否良好，有无噪声、卡住或迟滞现象，触头接触面有无烧蚀、毛刺或穴坑；电磁线圈是否过热；各种弹簧弹力是否适当；灭弧装置是否完好无损等。

④ 试验位置开关能否起位置保护作用。

⑤ 检查各电器的操作机构是否灵活可靠，有关整定值是否符合要求。

⑥ 检查各线路接头与端子板的连接是否牢靠，各部件之间的连接导线、

电缆或保护导线的软管会不会被冷却液、油污等腐蚀，管接头处不得产生脱落或散头等现象。

⑦ 检查电气柜及导线通道的散热情况是否良好。

⑧ 检查各类指示信号装置和照明装置是否完好。

⑨ 检查电气设备和工业机械上所有裸露导体件是否接到保护接地专用端子上，是否达到了保护电路连续性的要求。

(3) 电气设备的维护保养周期

对设置在电气柜内的电器元件，一般不经常进行开门监护，主要是靠定期的维护保养，来实现电气设备较长时间的安全稳定运行。其维护保养的周期，应根据电气设备的结构、使用情况以及环境条件等来确定。一般可采用配合工业机械的一、二级保养同时进行其电气设备的维护保养工作。

① 配合工业机械一级保养进行电气设备的维护保养工作。如金属切削机床的一级保养一般在一个季度左右进行一次。机床作业时间常在 6～12 h，这里可对机床电气柜内的电器元件进行如下维护保养：

a. 清扫电气柜内的积灰异物。

b. 修复或更换即将损坏的电器元件。

c. 整理内部接线，使之整齐美观。特别是在平时应急修理处，应尽量复原成正规状态。

d. 坚固熔断器的可动部分，使之接触良好。

e. 坚固接线端子和电器元件上的压线螺钉，使所有压接线头牢固可靠，以减小接触电阻。

f. 对电动机进行小修和中修检查。

g. 通电试车，使电器元件的动作程序正确可靠。

② 配合工业机械二级保养进行电气设备的维护保养工作。如金属切削机床的二级保养一般在一年左右进行一次，机床作业时间常在 3～6 天，此时可对机床电气柜内的电器元件进行如下维护保养：

a. 机床一级保养时，对机床电器所进行的各项维护保养工作，在二级保养时仍需照例进行。

b. 着重检查动作频繁且电流较大的接触器、继电器触头。为了减少频繁切合电路所受的机械冲击和电流的烧损的影响，多数接触器和继电器的触头均采用银或银合金制成，其表面会自然形成一层氧化银或硫化银，它并不影响导电性能。这是因为在电弧的作用下它还能还原成银，因此不要随意清除掉。即使这类触头表面出现烧毛或凹凸不平的现象，仍不会影响触头的良好接触，不必修整锉平(但铜质触头表面烧毛后应及时修平)。但触头严重磨损至原厚度的1/2及以下时应更换新触头。

c. 检修有明显噪声的接触器和继电器，找出原因并修复后方可继续使用，否则应更换新件。

d. 校验热继电器，看其是否能正常动作。检验结果应符合热继电器的动作特性。

e. 检验时间继电器，看其延时是否符合要求。如误差超过允许值，应调整或修理，使之重新达到要求。

2. 电气故障检修的一般步骤和方法

尽管对电气设备采取了日常维护保养工作，降低了电气故障的发生率，但不可能杜绝电气故障的发生。因此，维修电工不但要掌握电气设备的日常维护保养，同时还要学会正确的检修方法，如图1－1所示。下面介绍电气故障发生后的一般分析和检修方法。

(1)电气故障检修的一般步骤

① 检修前的故障调查。当工业机械发生电气故障后，切忌盲目动手检修。在检修前，通过问、看、听、摸来了解故障前后的操作情况和故障发生后出现的异常现象，以便根据故障现象判断出故障发生的部位，进而准确地排除故障。

问：询问操作者故障前后电路和设备的运行状况及故障发生后的症状，如故障是经常发生还是偶尔发生；是否有响声、冒烟、火花、异常振动等征兆；故障发生前有无切削力过大和频繁地启动、停止、卡滞等情况；有无经过保养检修或改动线路等。

看：察看故障发生前是否有明显的外观征兆，如各种信号；有指示装置的熔断器的情况；保护电器脱扣动作；接线是否脱落；触头有无烧蚀或熔焊；线圈是否过热烧毁等。

听：在线路还能运行和不扩大故障范围、不损坏设备的前提下，可通电试车，细听电动机、接触器和继电器等电器的声音是否正常。

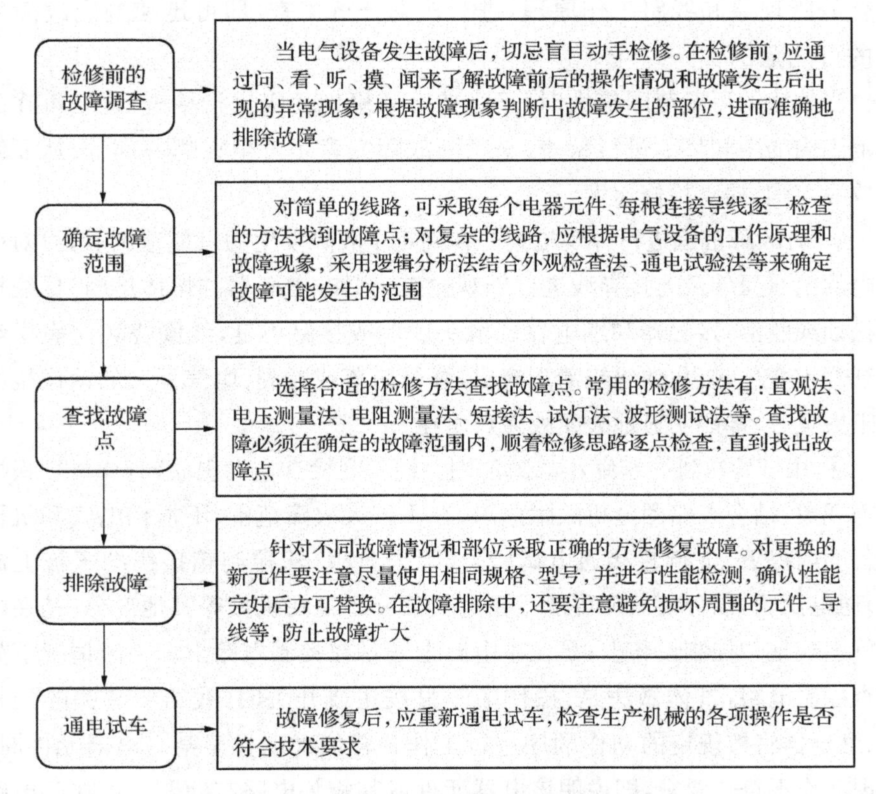

图 1－1　电气故障检修的一般步骤和方法

摸：在刚切断电源后，尽快触摸检查电动机、变压器、电磁线圈及熔断器等，看是否有过热现象。

② 用逻辑分析法缩小并确定故障范围。检修简单的电气线路时，对每个电器元件、每根导线逐一进行检查，一般能很快找到故障点。但对复杂的线路而言，往往有上百个元件，成千条连线，若采取逐一检查的方法，不仅需耗费大量的时间，而且也容易漏查。在这种情况下，若根据电路图采用逻辑分析法，对故障现象具体分析，划出可疑范围，提高维修的针对性，就可以收到准而快的效果。分析电路时，通常先从主电路入手，了解工业机械各运动部件和机构采用了几台电动机拖动，与每台电动机相关的电器元件有哪些，采用了何种控制，然后根据电动机主电路所用电器元件的文字符号、图区号及控制要求，找到相应的控制电路。在此基础上，

结合故障现象和线路工作原理，进行认真分析排查，即可迅速判定故障发生的可能范围。

当故障的可疑范围较大时，不必按部就班地逐级进行检查，这时可在故障范围内的中间环节进行检查，来判断故障究竟是发生在哪一部分，从而缩小故障范围，提高检修速度。

③ 对故障范围进行外观检查。在确定了故障发生的可能范围后，可对范围内的电器元件及连接导线进行外观检查，例如：熔断器的熔体熔断；导线接头松动或脱落；接触器和继电器的触头脱落或接触不良，线圈烧坏使表层绝缘纸烧焦变色，烧化的绝缘清漆流出；弹簧脱落或断裂；电气开关的动作机构受阻失灵等，都能明显地表明故障点所在。

④ 用试验法进一步缩小故障范围。经外观检查未发现故障点时，可根据故障现象，结合电路图分析故障原因，在不扩大故障范围、不损伤电气和机械设备的前提下，进行直接通电试验，或除去负载（从控制箱接线端子板上卸下）通电试验，以分清故障可能是在电气部分还是在机械等其他部分；是在电动机上还是在控制设备上；是在主电路上还是在控制电路上。一般情况下先检查控制电路，具体做法是：操作某一只按钮或开关时，线路中有关的接触器、继电器将按规定的动作顺序进行工作。若依次动作至某一电器元件时，发现动作不符合要求，即说明该电器元件或其相关电路有问题。再在此电路中进行逐项分析和检查，一般便可发现故障。待控制电路的故障排除，恢复正常后，再接通主电路，检查控制电路对主电路的控制效果，观察主电路的工作情况有无异常等。

在通电试验时，必须注意人身和设备的安全。要遵守安全操作规程，不得随意触动带电部分，要尽可能切断电动机主电路电源，只在控制电路带电的情况下进行检查；如需电动机转动，则应使电动机在空载状况下运行，以避免工业机械的运动部分发生误动作和碰撞；要暂时隔断有故障的主电路，以免故障扩大，并预先充分估计到局部线路动作后可能发生的不良后果。

（2）查找故障点的常用方法

测量法是维修电工工作中用来准确确定故障点的一种行之有效的检查方法。常用的测试工具和仪表有校验灯、测电笔、万用表、钳形电流表、兆欧表等，主要通过对电路进行带电或断电时的有关参数如电压、电阻、电流等的测量，来判断电器元件的好坏、设备的绝缘情况以及线路的通断情况。随着科学技术的发展，测量手段也在不断更新。例如，在晶闸管—电动机自动调速系统中，利用示波器来观察晶闸管整流装置的输出波形、触发电路的脉冲波形，就能很快判断系统的故障所在。

在用测量法检查故障点时，一定要保证各种测量工具和仪表完好，使用方法正确，还要注意防止感应电、回路电及其他并联回路的影响，以免产生误判断。

下面介绍几种常用的测量方法

① 电压分段测量法。一般把万用表的转换开关置于交流电压 500 V 的挡位上，然后分段测电压值，根据测量结果进行故障部位判断。

② 电阻分段测量法。测量检查时，首先切断电源，然后把万用表的转换开关置于倍率适当的电阻挡，并逐段测量。如果测得某两点间电阻值很大(∞)，即说明该两点间接触不良或导线断开。

电阻分段测量法的优点是安全，缺点是测量电阻值不准确时，易造成判断错误，为此应注意以下几点：

a. 用电阻测量法检查故障时，一定要先切断电流。

b. 所测量电路若与其他电路并联，必须将该电路与其他电路断开，否则所测电阻值不准确。

c. 测量高电阻电器元件时，要将万用表的电阻挡转换到适当挡位。

③ 短接法。机床电气设备的常见故障为断路故障，如导线断路、虚连、虚焊、触头接触不良、熔断器熔断等。对这类故障，除用电压法和电阻法检查外，还有一种更为简便可靠的方法，就是短接法。检查时，用一根绝缘良好的导线，将所怀疑的断路部位短接，若短接到某处电路接通，则说明该处断路，这种方法是检查线路断路故障的一种简便可靠的方法。

a. 局部短接法。用局部短接法检查故障如图 1-2 所示。按下启动按钮 SB2，若 KM1 不吸合，说明电路有故障。检查前，先用万用表测量 1—0 两点间的电压，若电压正常，可按下 SB2 不放，然后用一根绝缘良好的导线分别短接标号相邻的两点 1—2、2—3、3—4、4—5、5—6(注意绝对不能短接 6—0 两点，否则会造成电源短路)，当短接到某两点时，接触器 KM1 动作，即说明故障点在该两点之间，见表 1-3。

表 1-3　局部短接法检查故障

故障现象	测试状态	短接点标号	电路状态	故障点
按下 SB2，KM1 不吸合	按下 SB2 不放	1—2	KM1 吸合	KH 常闭触头接触不良或误动作
		2—3	KM1 吸合	SB1 触头接触不良
		3—4	KM1 吸合	SB2 触头接触不良
		4—5	KM1 吸合	KM2 常闭触头接触不良
		5—6	KM1 吸合	SQ 触头接触不良

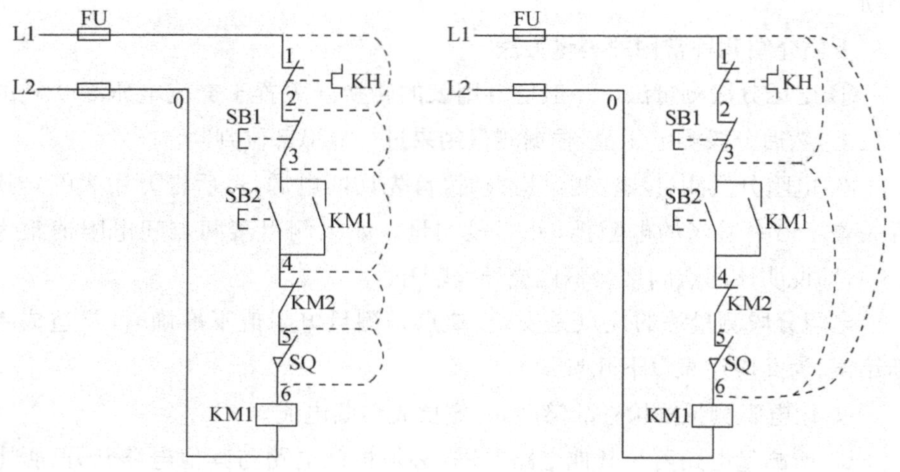

图 1-2　局部短接法　　　　图 1-3　长短接法

b. 长短接法。长短接法是一次短接两个或两个以上触头来检查线路断路故障的方法，用长短接法检查故障如图 1-3 所示。

在图 1-3 所示电路中，当 KH 的常闭触头和 SB1 的常闭触头同时接触不良时，若用局部短接法短接 1—2 点，按下 SB2，KM1 仍不能吸合，则可能造成判断错误。而用长短接法将 1—6 两点短接，如果 KM1 吸合，则说明 1—6 这段电路上有断路故障，然后再用局部短接法逐段找出故障点。

长短接法的另一个作用是可把故障范围缩小到一个较小的范围。例如，第一次先短接 3—6 两点，如果 KM1 不吸合，再短接 1—3 两点，KM1 吸合，说明故障在 1—3 范围内。可见，长短接法和局部短接法结合使用，很快就能找出故障点。

在实际检修中，机床电气故障是多样的，就是同一种故障现象，发生故障的部位往往也是不同的。因此，采用以上故障检修步骤和方法时，不要生搬硬套，而应根据故障性质和具体情况灵活应用，各种方法可交叉使用，力求迅速、准确地找出故障点。

④ 故障修复及注意事项。查找出电气设备的故障点后，就要着手进行修复、试运行和记录等，然后交付使用。在此过程中应注意以下几点：

a. 在找出故障点和修复故障时，应注意不要把找出故障点作为寻找故障的终点，还必须进一步分析查明产生故障的根本原因，避免类似故障再次发生。

b. 在故障的修复过程中，一般情况下应尽量复原。

c. 每次修复故障后，应及时总结经验，并做好维修记录，作为档案以备日后维修时参考。

四、项目总结

项目	评价内容	评价等级(学生自评)		
		A	B	C
关键能力考核项目	遵守纪律、遵守学习场所管理规定，服从安排			
	安全意识、责任意识，5S管理意识，注重节约、节能与环保			
	学习态度积极主动，能参加实习安排的活动			
	团队合作意识，注重沟通，能自主学习及相互协作			
	仪容仪表符合活动要求			
专业能力考核项目	按时按要求独立完成工作页			
	工具、设备选择得当，使用符合技术要求			
	操作规范，符合要求			
	学习准备充分、齐全			
	注重工作效率与工作质量			
小组评语及建议		组长签名： 年　月　日		
老师评语及建议		教师签名： 年　月　日		

项目二　C650－2 普通车床电气控制线路

一、项目目标

- 能读懂 C650－2 普通车床电气控制线路电路图
- 能说出 C650－2 普通车床电气控制线路工作原理
- 能排除 C650－2 普通车床电气控制线路的线路故障

二、项目描述

使用给定的 C650－2 普通车床模拟操作盘，按电路原理图分析电路，认识电路各组成部分，掌握电路工作原理，会试运行操作 C650－2 普通车床模拟操作盘，会利用万用表排除电路故障。

三、项目准备

（一）KH－C650－2 普通车床电气控制线路的工作原理

1. 主要结构及运动形式

图 2－1 是 KH－C650－2 普通车床的外形图。

它主要由床身、主轴、进给箱、溜板箱、刀架、丝杆、光杆、尾座等部分组成。

车床的切削运动包括工件旋转的主运动和刀具的直线进给运动。根据工件的材料性质、车刀材料及几何形头、工件直径、加工方式及冷却条件的不同，要求主轴有不同的切削速度。

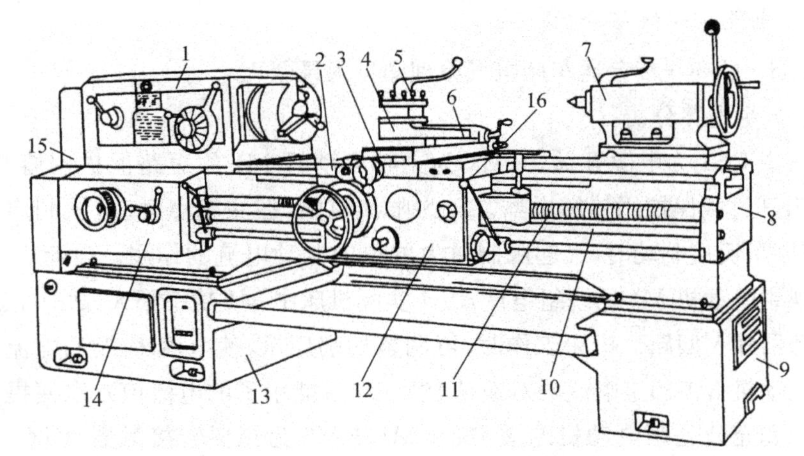

1－主轴箱　2－纵溜板　3－横溜板　4－转盘　5－方刀架　6－小溜板
7－尾座　8－床身　9－右床座　10－光杠　11－丝杆　12－溜板箱
13－左床座　14－进给箱　15－挂轮架　16－操纵手柄

图2－1　C650－2型普通车床外形图

车床的进给运动是刀架带动刀具的直线运动。溜板箱把丝杆或光杠的转动传递给刀架部分，变换溜板箱外的手柄位置，经刀架部分使车辆做纵向或横向进给。

车床的辅助运动为机床上除切削运动以外的其他一切必需的运动，如尾架的纵向移动，工件的夹紧与放松等。

2. 电力拖动特点及控制要求

KH－C650－2型普通车床是一种中型车床，除有主轴电动机M1和冷却泵电动机M2外，还设置了刀架快速移动电动机M3。它的控制特点是：

(1) 主轴的正反转不是通过机械方式来实现，而是通过电气方式，即主轴电动机M1的正反转来实现的，从而简化了机械结构。

(2) 主轴电动机的制动采用了电气反接制动形式，并用速度继电器进行控制，实现快速停车。

(3) 为便于对刀操作，主轴设有点动控制。

(4) 采用电流表来检测电动机负载情况。

(5) 控制回路由于电器元件很多，故通过控制变压器TC同三相电网进行电隔离，提高了操作和维修时的安全性。

3. 电气控制线路分析

KH-C650-2普通车床电气原理图见附录图1。

(1) 主电路分析

图中QS1为电源开关。FU1为主轴电动机M1的短路保护用熔断器，FR1为其过载保护用热继电器。R为限流电阻，在主轴点动时，限制启动电流，在停车反接制动时，又起限制过大的反向制动电流的作用。电流表A用来监视主电动机M1的绕组电流，由于实际机床中M1功率很大，故A接入电流互感器TA回路。机床工作时，可调整切削用量，使电流表A的电流接近主轴电动机M1额定电流的对应值(经TA后减小了的电流值)，以便提高生产效率和充分利用电动机的潜力。KM1、KM2为正反转接触器，KM3为用于短接电阻R的接触器，由它们的主触点控制主轴电动机M1。

图中KM4为接通冷却泵电动机M2的接触器，FR2为M2过载保护用热继电器。KM5为接通快速移动电动机M3的接触器，由于M3点动短时运转，故不设置热继电器。

(2) 控制电路分析

① 主轴电动机M1的点动启动与控制

电路分析：当按下点动按钮SB2不松手时，接触器KM1线圈通电，KM1主触点闭合，电网电压经限流电阻R通入主电动机M1，从而减少了启动电流。由于中间继电器KA未通电，故虽然KM1的辅助常开触点(5—8)已闭合，但不自锁，因而，当松开SB2后，KM1线圈随即断电，进行反接制动，主轴电动机M1停转。

主轴电机M1的点动启动：合上电源开关QS1→按下SB2→KM1得电→KM1主触头闭合→M1启动。松开SB2，M1停止(制动)。M1点动启动时，控制回路电流：TC(1)→FU4→SB1→SB2→KM2常闭触头→KM1线圈→FR1→TC(0)。即通路为：1—2—3—4—6—KM1线圈—7—0。

② 主轴电动机M1的正反转启动与控制

a. 主轴电动机M1的正转控制

电路分析：当按下正向启动按钮SB3时，KM3通电，其主触点闭合，短接限流电阻R，另有一个常开辅助触点KM3(3—13)闭合，使得KA通电吸合，KA(3—8)闭合，使得KM3在SB3松手后也保持通电，进而KA也保持通电。另一方面，当SB3尚未松开时，由于KA的另一常开触点KA(5—4)已闭合，故使得KM1通电，其主触点闭合，主电动机M1全压启动运行。KM1的辅助常开触点KM1(5—8)也闭合。这样，当松开SB3后，由于KA的二个常开触点KA(3—8)、KA(5—4)保持闭合，KM1(5—8)也闭合，故可形成自锁通路，从而KM1保持通电。另外，在KM3得电同时，时间继电器KT通电吸合，其作用是使电流表避免启动电流的冲击(KT延时应稍长于M1的启动时间)。

主轴电机M1的正转启动：合上电源开关QS1→按下SB3→KM3、KT、KA、KM1得电→KM1、KM3主触头闭合→M1启动连续运行。按下SB1，M1停止(制动)。M1正转启动时，控制回路电流：TC(1)→FU4→SB1→SB3(3—8)→KM3线圈、KT线圈→FR1→TC(0)→TC(1)→FU4→SB1→KM3(3—13)→KA线圈→TC(0)→TC(1)→FU4→SB1→SB3(3—5)→KA(5—4)→KM2(4—6)→KM1线圈→FR1→TC(0)。即通路为：1—2—3—8—KM3线圈—7—0—1—2—3—13—KA线圈—0—1—2—3—5—4—6—KM1线圈—7—0。

b. 主轴电动机M1的反转控制

电路分析：当按下反向启动按钮SB4时，KM3通电，其主触点闭合，短接限流电阻R，另有一个常开辅助触点KM3(3—13)闭合，使得KA通电吸合，KA(3—8)闭合，使得KM3在SB4松手后也保持通电，进而KA也保持通电。另一方面，当SB4尚未松开时，由于KA的另一常开触点KA(11—10)已闭合，故使得KM2通电，其主触点闭合，主电动机M1全压启动运行。KM2的辅助常开触点KM2(8—11)也闭合。这样，当松开SB4后，由于KA的两个常开触点KA(3—8)、KA(11—10)保持闭合，KM2(8—11)也闭合，故可形成自锁通路，从而KM2保持通电。另外，在KM3得电同时，时间继电器KT通电吸合，其作用是使电流表避免启动电流的冲击(KT延时应稍长于M1的启动时间)。

主轴电机M1的反转启动：合上电源开关QS1→按下SB3→KM3、KT、KA、KM1得电→KM1、KM3主触头闭合→M1启动连续运行。按下SB1，M1停止(制动)。M1反转启动时，控制回路电流：TC(1)→FU4→SB1→SB4(3—8)→KM3线圈、KT线圈→FR1→TC(0)→TC(1)→FU4→SB1→KM3(3—13)→KA线圈→TC(0)→TC(1)→FU4→SB1→SB4(3—11)→KA(11—

10)→KM1(10—12)→KM2 线圈→FR1→TC(0)。即通路为:1—2—3—8—KM3 线圈—7—0—1—2—3—13—KM3 线圈—0—1—2—3—11—10—12—KM2 线圈—7—0。

③ 主轴电动机 M1 的反接制动

KH-C650-2 车床采用反接制动方式,用速度继电器 KS 进行检测和控制。点动、正转、反转停车时均有反接制动。

a. M1 点动和正转反接制动

电路分析:假设原来主轴电动机 M1 正转或点动运行,则 KS 的正向常开触点 KS(9—10)闭合,而反向常开触点 KS(9—4)依然断开。当按下总停按钮 SB1 后,原来通电的 KM1、KM3、KT 和 KA 就随即断电,它们的所有触点均被释放而复位。然而,当 SB1 松开后,M1 由于惯性转速还很高,KS(9—10)仍闭合,所以反转接触器 KM2 立即通电吸合,电流通路是:1→2→3→9→10→12→KM2 线圈→7→0。这样,主电动机 M1 就被串电阻反接制动,正向转速很快降下来,当降到很低时(n<100 r/min),KS 的正向常开触点 KS(9—10)断开复位,从而切断了上述电流通路。至此,正向反接制动就结束了。

M1 点动和正转反接制动与控制:按下 SB1→KM3、KT、KA、KM1 失电→松开 SB3(瞬间)→KM2 线圈得电→电机 M1 制动。

M1 点动和正转反接制动时,控制回路电流:TC(1)→FU4→SB1→KA(3—9)→KS(9—10)→KM1(10—12)→KM2 线圈—FR1—TC(0)。即通路为:1—2—3—9—10—12—KM2 线圈—7—0。

b. 反转反接制动

电路分析:假设原来主轴电动机 M1 反转运行着,则 KS 的反向常开触点 KS(9—4)闭合,而正向常开触点 KS(9—10)依然断开着。当按下总停按钮 SB1 后,原来通电的 KM1、KM3、KT 和 KA 就随即断电,它们的所有触点均被释放而复位。然而,当 SB1 松开后,M1 由于惯性转速还很高,KS(9—4)仍闭合,所以正转接触器 KM1 立即通电吸合,电流通路是:1→2→3→9→4→6→KM1 线圈→7→0。这样,主电动机 M1 就被串电阻反接制动,反向转速很快降下来,当降到很低时(n<100 r/min),KS 的反向常开触点 KS(9—4)断开复位,从而切断了上述电流通路。至此,反向反接制动就结束了。

M1 反转反接制动与控制:按下 SB1→KM3、KT、KA、KM1 失电→松开

SB3(瞬间)→KM1线圈得电→电机M1制动。

M1反转反接制动时,控制回路电流:TC(1)→FU4→SB1→KA(3—9)→KS(9—4)→KM2(4—6)→KM1线圈→FR1→TC(0)。即通路为:1—2—3—9—4—6—KM1线圈—7—0。

④ 刀架的快速移动电机M3控制

电路分析:转动刀架手柄,限位开关SQ被压动而闭合,使得快速移动接触器KM5通电,快速移动电动机M3就启动运转,而当刀架手柄复位时,M3随即停转。

刀架快移电机M3的启动:合上QS1→按下SQ→KM5线圈得电→KM5主触头闭合→M3启动;松开SQ,M3停转。M3启动时,控制回路电流:TC(1)→FU4→SB1→SQ→KM5线圈→TC(0)。即通路为:1—2—3—17—KM5线圈—0。

⑤ 冷却泵电动机M2控制

冷却泵电机M2的启动:合上QS1→按下SB6→KM4线圈得电→KM4主触头闭合→M2启动连续运转。按下SB5,M2停转。M2启动控制回路电流:TC(1)→FU4→SB1→SB5→SB6→KM4线圈→FR2→TC(0)。即通路为:1—2—3—14—15—KM4线圈—16—0。

⑥ 电源指示灯电流回路

TC(20)→FU5→HL→TC(0),即通路为:20—21—0。

4. 辅助电路分析

虽然电流表A接在电流互感器TA回路里,但主电动机M1启动时对它的冲击仍然很大。为此,在线路中设置了时间继电器KT进行保护。当主电动机正向或反向启动时,KT通电,延时时间尚未到时,A就被KT延时断开的常闭触点短路,延时时间到后,才有电流指示。

四、项目实施

(一) KH－C650－2普通车床电气模拟装置的试运行操作

1. 准备工作

(1) 查看装置背面各电器元件上的接线是否牢固,各熔断器是否安装良好;

（2）独立安装好接地线，设备下方垫好绝缘垫，将各开关置分断位；

（3）插上三相电源。

2. 操作试运行

C650－2普通车床模拟操作盘如图2－2所示。

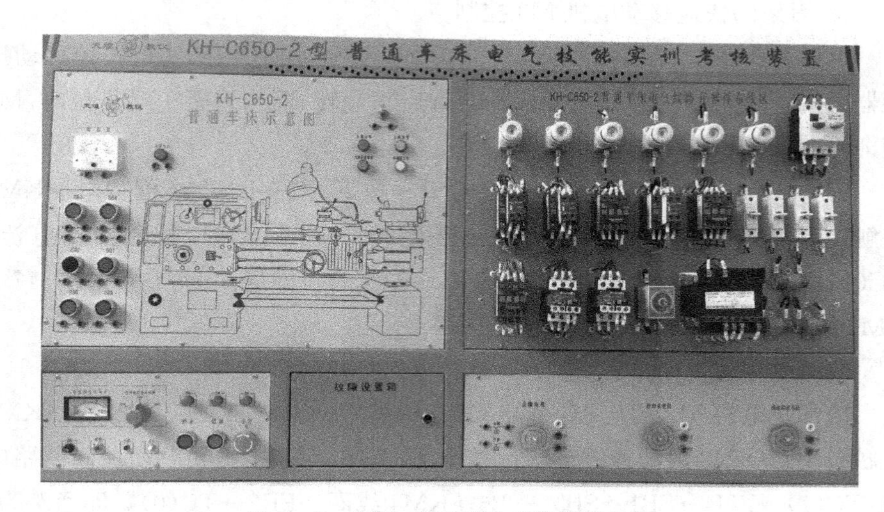

图2－2　C650－2普通车床模拟操作盘

（1）使装置中漏电保护部分接触器先吸合，再合上QS1，电源指示灯HL亮；

（2）按SQ，KM5线圈得电吸合，快速移动电动机M3工作，“刀架快速移动”指示灯亮，松开SQ，KM5线圈断电释放，M3停止；

（3）按SB6，KM4线圈得电吸合，冷却泵电动机M2工作，“冷却泵工作”指示灯亮，按SB5，KM4线圈断电释放，M2停止；

（4）按SB2，KM1线圈得电吸合，主轴电动机M1点动工作，“主轴正转”指示灯亮，松开SB2，KM1线圈断电释放，M1停止（注：该按钮不应长时间反复操作，以免制动电阻R及M1过热）；

（5）按SB3，KM1、KM3、KT、KA线圈得电吸合，主轴电动机M1正转，“主轴正转”指示灯亮，延时后，电流表指示M1工作电流；按SB1，KM1、KM3、KT、KA线圈断电释放，M1实现反接制动，迅速停转（按SB1后，KM2应先吸合，然后释放）；

（6）按SB4，KM1、KM3、KT、KA线圈得电吸合，主轴电动机M1反转，

"主轴反转"指示灯亮，延时后，电流表指示 M1 工作电流；按 SB1，KM1、KM3、KT、KA 线圈断电释放，M1 实现反接制动，迅速停转（按 SB1 后，KM1 应先吸合，然后释放）。

特别说明：装置初次试运行时，可能会出现主轴电机点动、正转、反转均不能停机的现象，这是由于电源或主轴电机相序接反引起，此时应马上切断电源，把电源或主轴电机相序调换即可。

（二）故障设置一览表及故障分析

故障开关	故障现象	故障范围	备　注
K1	机床不能启动	2、0 号线	主轴、冷却泵和快速移动电机都不能启动，按下 SB2、SB3、SB4、SB6、SQ，均无反应。
K2	主轴自行启动	SB2 短路	合上 QS1 后，主轴自行启动。
K3	主轴不能点动控制	4 号线	主轴不能点动，按下 SB2 无反应；主轴能正常连续正反转。
K4	主轴不能正转启动	5、4 号线	主轴点动、反转正常；反转停止能制动；主轴正转启动时，KM3、KA 能吸合，KM1 不吸合。
K5	主轴不能正转启动	5、4 号线	主轴点动、反转正常；反转停止能制动；主轴正转启动时，KM3、KA 能吸合，KM1 不吸合。
K6	主轴不能正转启动	6 号线	反转正常，反转停止无制动；不能点动，正转启动时，KM3、KA 能吸合，KM1 吸合。
K7	主轴不能启动	0、7 号线	主轴按正、反转启动按钮均无反应，无点动；冷却泵和快速移动电机正常启动。
K8	机床不能启动	2、0 号线	主轴、冷却泵和快速移动电机都不能启动，按下 SB2、SB3、SB4、SB6、SQ，均无反应。
K9	主轴不能正转启动	8 号线	按下 SB3 主轴正转启动时无任何反应；主轴点动、反转正常。
K10	主轴正转只能点动	8 号线	按下正转启动按钮，主轴正转，松开按钮，KA、KM3 保持，KM1 释放，电机停止。

（续表）

故障开关	故障现象	故障范围	备　注
K11	主轴无制动	9 号线	按下 SB1 制动时对应的反接制动交流接触器不吸合。
K12	机床不能启动	0 号线	冷却泵和快速移动电机都不能启动；主轴只能点动；主轴不能正反转启动，按下 SB3 或 SB4，只有 KM3 线圈吸合。
K13	主轴只能点动	8 号线	按下 SB3、SB4，主轴只能点动；按下 SB2 主轴正常点动。
K14	主轴只能点动	8 号线	主轴只能点动控制。按下 SB3、SB4 均无反应。
K15	主轴不能反转	8 号线	按下 SB4 反转启动时无任何反应；正转正常。
K16	主轴不能反转	11 号线	正转启动、制动正常；反转启动时，KM3、KA 能吸合，KM2 吸合。
K17	主轴反转只能点动	11 号线	按下反转启动按钮，主轴反转，松开按钮，KA、KM3 保持，KM2 释放，电机停止。
K18	主轴不能反转启动	11 号线	正转启动、制动正常；反转启动时，KM3、KA 能吸合，KM2 吸合。
K19	主轴不能反转启动	12 号线	正转启动正常，停止无制动；反转启动时，KM3、KA 能吸合，KM2 不吸合。
K20	主轴不能连续正反转启动	13 号线	按正、反转启动按钮 KM3 吸合，KA 不吸合，主轴点动正常。
K21	冷却泵不工作	14、15、16 号线	按下 SB6，无任何反应。
K22	冷却泵不工作	14、15、16 号线	按下 SB6，无任何反应。
K23	快速电机不能启动	17 号线	按下 SQ，无任何反应。

五、项目小结

项目	评价内容	评价等级(学生自评)		
		A	B	C
关键能力考核项目	遵守纪律、遵守学习场所管理规定,服从安排			
	安全意识、责任意识,5S管理意识,注重节约、节能与环保			
	学习态度积极主动,能参加实习安排的活动			
	团队合作意识,注重沟通,能自主学习及相互协作			
	仪容仪表符合活动要求			
专业能力考核项目	按时按要求独立完成工作页			
	工具、设备选择得当,使用符合技术要求			
	操作规范,符合要求			
	学习准备充分、齐全			
	注重工作效率与工作质量			
小组评语及建议		组长签名: 年 月 日		
老师评语及建议		教师签名: 年 月 日		

项目三　KH－M7130K平面磨床电气控制线路

一、项目目标

- 能读懂KH－M7130K平面磨床电气控制线路电路图
- 能说出KH－M7130K平面磨床电气控制线路工作原理
- 能排除KH－M7130K平面磨床电气控制线路的线路故障

二、项目描述

使用给定的KH－M7130K平面磨床模拟操作盘，按电路原理图分析电路，认识电路各组成部分，掌握电路工作原理，会试运行操作KH－M7130K平面磨床模拟操作盘，会利用万用表排除电路故障。

三、项目准备

（一）KH－M7130K平面磨床电气控制线路工作原理

1．*主要结构及运动形式*

KH－M7130K平面磨床是卧轴矩形工作台式。主要由床身、工作台、电磁吸盘、砂轮箱（又称磨头）、滑座和立柱等部分组成。外形如图3－1如示。

主运动是砂轮的旋转运动。进给运动有垂直进给（滑座在立柱上的上、下运动）；横向进给（砂轮箱在滑座上的水平移动）；纵向运动（工作台沿床身的往复运动）。工作时，砂轮做旋转运动并沿其轴向作定期的横向进给运动。

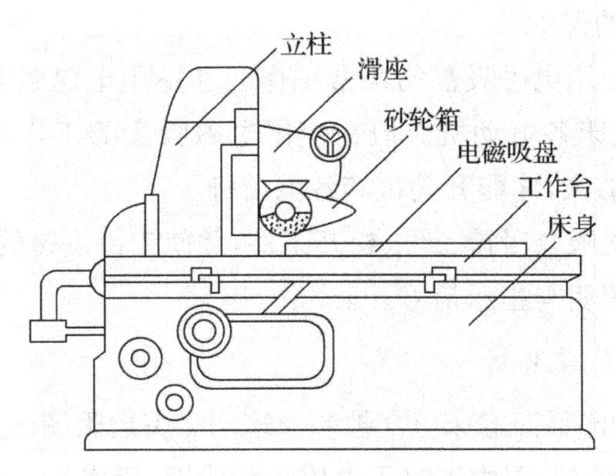

图 3－1　M7130K 磨床构造示意图

工件固定在工作台上，工作台作直线往返运动。矩形工作台每完成一纵向行程时，砂轮作横向进给，当加工整个平面后，砂轮作垂直方向的进给，以此完成整个平面的加工。

2. 平面磨床的电力拖动特点及控制要求

磨床的砂轮主轴一般并不需要较大的调速范围，所以采用笼型异步电动机拖动。为达到缩小体积、结构简单及提高机床精度、减少中间传动的目的，采用装入式异步电动机直接拖动砂轮，这样电动机的转轴就是砂轮轴。

由于平面磨床是一种精密机床，为保证加工精度采用了液压传动。采用一台液压泵电动机，通过液压装置以实现工作台的往复运动和砂轮横向的连续与断续进给。

为在磨削加工时对工件进行冷却，需采用冷却液冷却，由冷却泵电动机拖动。为提高生产率及加工精度，磨床中广泛采用多电动机拖动，使磨床有最简单的机械传动系统。所以 KH－M7130K 平面磨床采用三台电动机：砂轮电动机、液压泵电动机和冷却泵电动机分别进行拖动。

基于上述拖动特点，对其自动控制有如下要求：

(1) 砂轮电动机、液压泵电动机和冷却泵电动机都只要求单方向旋转。

(2) 冷却泵电动机随砂轮电动机运转而运转，但冷却泵电动机不需要时，可单独断开冷却泵电动机。

(3) 具有完善的保护环节：各电路的短路保护，电动机的长期过载保护，零压保护，电磁吸盘的欠电流保护，电磁吸盘断开时产生高电压而危及电路中其他电气设备的保护等。

(4) 保证在使用电磁吸盘的正常工作时和不用电磁吸盘,在调整机床工作时,都能开动机床各电动机。但在使用电磁吸盘的工作状态时,必须保证电磁吸盘吸力足够大,才能开动机床各电动机。

(5) 具有电磁吸盘吸持工件、松开工件,并使工件去磁的控制环节。

(6) 必要的照明与指示信号。

3. 电气控制线路分析

KH－M7130K 平面磨床电气控制原理图见书后附图 3。

注:作为模拟装置,图中省略了电磁吸盘线圈,用发光二极管来代替;实际磨床中欠电流继电器 KI 线圈是和电磁吸盘线圈串联的,在图中作了调整,在实验实习中,只要指明,对实际磨床电气原理的理解、操作及故障排除并无影响。

整个电气控制线路按功能不同可分为电动机控制电路,电磁吸盘控制电路与机床照明电路三部分。

(1) 主电路分析

电源由总开关 QS1 引入,为机床开动做准备。整个电气线路由熔断器 FU1 作短路保护。

主电路中有三台电动机,M1 为砂轮电动机,M2 为冷却泵电动机,M3 为液压泵电动机。

冷却泵电动机和砂轮电动机同时工作,同时停止,共用接触器 KM1 来控制,液压泵电动机由接触器 KM2 来控制。M1、M2、M3 分别由 FR1、FR2、FR3 实现过载保护。

(2) 控制电路分析

控制电路采用交流 380 V 电压供电,由熔断器 FU2 作短路保护。控制电路只有在触点(3—4)接通时才能起作用,而触点(3—4)接通的条件是转换开关 SA2 扳到触点(3—4)接通位置(即 SA2 置“退磁”位置),或者欠电流继电器 KI 的常开触点(3—4)闭合时(即 SA2 置“充磁”位置,且流过 KI 线圈电流足够大,电磁吸盘吸力足够时)。言外之意,电动机控制电路只有在电磁吸盘去磁情况下,磨床进行调整运动及不需电磁吸盘夹持工件时,或在电磁吸盘充磁后正常工作,且电磁吸力足够大时,才可启动电动机。

按下启动按钮 SB2,接触器 KM1 因线圈通电而吸合,其常开辅助触点

(4—5)闭合进行自锁，砂轮电动机 M1 及冷却泵电动机 M2 启动运行。

按下启动按钮 SB4，接触器 KM2 因线圈通电而吸合，其常开辅助触点(4—7)闭合进行自锁，液压泵电动机启动运转。

SB3 和 SB5 分别为它们的停止按钮。

① 砂轮电机 M1 和冷却泵电机 M2 的启动与控制

a. 电磁吸盘“充磁”时，即 KI(3—4)闭合

砂轮电机 M1 和冷却泵电机 M2 的启动：合上电源开关 QS1→按下SB2→KM1 线圈得电→KM1 主触头闭合→M1、M2 启动。按下 SB3，M1、M2 停止。M1、M2 启动时，控制回路电流：TC(1)→FU2(1—2)→SB1→KI(3—4)→SB2→SB3→KM1 线圈→FR1→FR2→FR3→FU2(24—12)→TC(24)。即通路为：1—2—3—4—5—6—KM1 线圈—9—10—11—12—24。

b. 电磁吸盘“退磁”时，即 SA2(3—4)闭合

砂轮电机 M1 和冷却泵电机 M2 的启动：合上电源开关 QS1→按下SB2→KM1 线圈得电→KM1 主触头闭合→M1、M2 启动。按下 SB3，M1、M2 停止。M1、M2 启动时，控制回路电流：TC(1)→FU2(1—2)→SB1→SA2(3—4)→SB2→SB3→KM1 线圈→FR1→FR2→FR3→FU2(24—12)→TC(24)。即通路为：1—2—3—4—5—6—KM1 线圈—9—10—11—12—24。

② 液压泵电机 M3 的启动与控制

a. 电磁吸盘“充磁”时，即 KI(3—4)闭合

液压泵电机 M3 的启动：合上电源开关 QS1→按下 SB4→KM2 线圈得电→KM2 主触头闭合→M3 启动。按下 SB5，M3 停止。M3 启动时，控制回路电流：TC(1)→FU2(1—2)→SB1→KI(3—4)→SB4→SB5→KM2 线圈→FR1→FR2→FR3→FU2(24—12)→TC(24)。即通路为：1—2—3—4—7—8—KM2 线圈—9—10—11—12—24。

b. 电磁吸盘“退磁”时，即 SA2(3—4)闭合

液压泵电机 M3 的启动：合上电源开关 QS1→按下 SB4→KM2 线圈得电→KM2 主触头闭合→M3 启动。按下 SB5，M3 停止。M3 启动时，控制回路电流：TC(1)→FU2(1—2)→SB1→SA2(3—4)→SB4→SB5→KM2 线圈→FR1→FR2→FR3→FU2(24—12)→TC(24)。即通路为：1—2—3—4—7—8—KM2 线圈—9—10—11—12—24。

③ 照明灯 EL 控制

照明灯 EL 控制：合上电源开关 QS1→合上 SA1→照明灯 EL 亮。

照明灯 EL 控制电流回路：TC(13)→FU4→SA1→EL→TC(24)。即通路为：13—22—23—24。

4. 电磁吸盘(又称电磁工作台)电路的分析

(1) 电路分析

电磁吸盘用来吸住工件以便进行磨削。它比机械夹紧迅速，具有操作快速简便，不损伤工件，一次能吸好多个小工件，以及磨削中工件发热可自由伸缩、不会变形等优点。不足之处是只能在作用于导磁性材料如钢铁等工件时才能吸住。对非导磁性材料如铝和铜的工件没有吸力。电磁吸盘的线圈通的是直流电，不能用交流电，因为交流电会使工件振动和铁芯发热。

电磁吸盘的控制线路可分成三部分：整流装置、转换开关和保护装置。整流装置由控制变压器 TC 和桥式整流器 VC 组成，提供直流电压。

转换开关 SA2 是用来给电磁吸盘接上正向工作电压和反向工作电压的。它有“充磁”、“放松”和“退磁”三个位置。当磨削加工时转换开关 SA2 扳到“充磁”位置，SA2(16—18)、SA2(17—20)接通，SA2(3—4)断开，电磁吸盘线圈电流方向从下到上。这时，因 SA2(3—4)断开，由 KI 的触点(3—4)保持 KM1 和 KM2 的线圈通电。若电磁吸盘线圈断电或电流太小吸不住工件，则欠电流继电器 KI 释放，其常开触点(3—4)也断开，各电动机因控制电路断电而停止。否则，工件会因吸不牢而被高速旋转的砂轮碰击飞出，可能造成事故。当工件加工完毕后，工件因有剩磁而需要进行退磁，故需再将 SA2 扳到“退磁”位置，这时 SA2(16—19)、SA2(17—18)、SA2(3—4)接通。电磁吸盘线圈通过了反方向(从上到下)的较小(因串入了 R2)电流进行去磁。去磁结束，将 SA2 扳回到“松开”位置(SA2 所有触点均断开)，就能取下工件。

如果不需要电磁吸盘，将工件夹在工作台上，则可将转换开关 SA2 扳到“退磁”位置，这时 SA2 在控制电路中的触点(3—4)接通，各电动机就可以正常启动。

(2) 电磁吸盘控制

① 电磁吸盘充磁控制

电磁吸盘充磁控制：合上电源开关 QS1→SA2 拨到“充磁”位置→KI 线圈

得电吸合、“充磁”指示灯亮、“电磁吸盘”指示灯亮。

电磁吸盘充磁工作时，控制回路电流：13—14—16—18—20—17—24。

② 电磁吸盘退磁控制

电磁吸盘退磁控制：合上电源开关 QS1→SA2 拨到“退磁”位置→“退磁”指示灯亮、“电磁吸盘”指示灯亮。

电磁吸盘退磁工作时，控制回路电流：13—14—16—19—20—18—17—24。

(3) 电磁吸盘控制线路的保护装置

① 欠电流保护，由 KI 实现；

② 电磁吸盘线圈的过电压保护，由并联在线圈两端放电电阻实现(图中未画上)；

③ 短路保护，由 FU3 实现；

④ 整流装置的过电压保护由 14、24 号线间的 R1、C 来实现。

四、项目实施

(一) KH－M7130K 平面磨床电气模拟装置的试运行操作

1. 准备工作

(1) 查看装置背面各电器元件上的接线是否牢固，各熔断器是否安装良好；

(2) 独立安装好接地线，设备下方垫好绝缘垫，将各开关置分断位；

(3) 插上三相电源。

2. 操作试运行

KH－M7130K 平面磨床模拟操作盘如图 3－2 所示。

(1) 使装置中漏电保护部分接触器先吸合，再合上 QS1，“电源指示”灯亮；

(2) 转动 SA1，“照明指示”灯 EL 亮；

(3) SA2 扳到“充磁”位置，KI 吸合，“充磁”指示灯亮，“电磁吸盘工作”指示灯亮；按下 SB2，KM1 线圈得电吸合，砂轮电动机 M1 及冷却泵电动机 M2 转动，“砂轮工作”、“冷却泵工作”指示灯亮，按下 SB3，M1、M2 停转；按下 SB4，KM2 线圈得电吸合，液压泵电机 M3 转动，“液压泵工作”指示灯亮，按下 SB5，M3 停转；若 M1、M2、M3 在运转过程中，按下 SB1，电机即会停转，或把

SA2 扳到中间“放松”位置，电机即会停转；

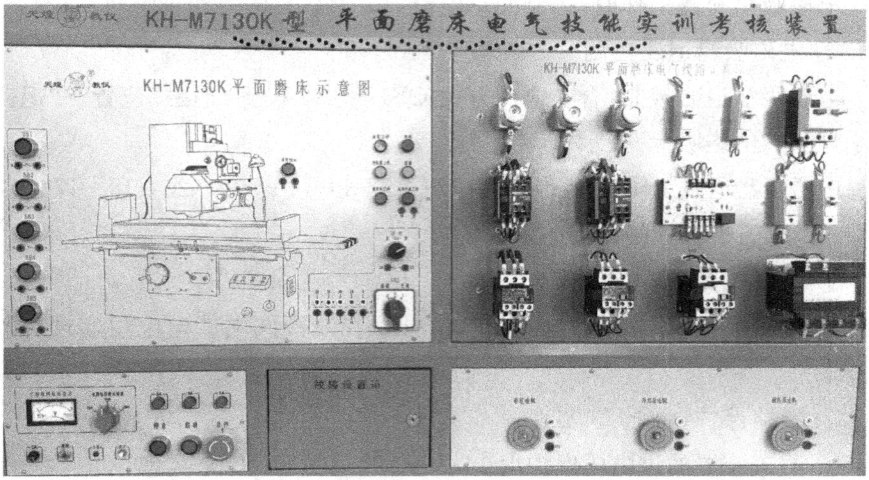

图 3－2　KH－M7130K 平面磨床模拟操作盘

(4) SA2 扳到“退磁”位置，“退磁”指示灯亮，“电磁吸盘工作”指示灯亮；按下 SB2，KM1 线圈得电吸合，砂轮电动机 M1 及冷却泵电动机 M2 转动，“砂轮工作”、“冷却泵工作”指示灯亮，按下 SB3，M1、M2 停转；按下 SB4，KM2 线圈得电吸合，液压泵电机 M3 转动，“液压泵工作”指示灯亮，按下 SB5，M3 停转；若 M1、M2、M3 在运转过程中，按下 SB1，电机即会停转，或把 SA2 扳到中间“放松”位置，电机即会停转。

（二）故障设置一览表及故障分析

故障开关	故障现象	故障范围	备　注
K1	机床不能启动	2、10、11、12 号线	砂轮、冷却泵、液压泵电机均不能启动，充、退磁有用。
K2	充磁时，机床不能启动	3 号线	充磁时，砂轮、冷却泵、液压泵电机不能启动；退磁时，砂轮、冷却泵、液压泵电机能启动；充、退磁有用。
K3	退磁时，机床不能启动	3 号线	充磁时，砂轮、冷却泵、液压泵电机能启动；退磁时，砂轮、冷却泵、液压泵电机不能启动；充、退磁有用。

（续表）

故障开关	故障现象	故障范围	备　注
K4	退磁时，砂轮、冷却泵电机只能点动；充磁时，砂轮冷却泵电机不能启动	4 号线	退磁时，按下 SB2 砂轮、冷却泵电机只能点动，按下 SB4 液压泵电机正常启动；充磁时，按下 SB2 砂轮、冷却泵电机不能启动，按下 SB4 液压泵正常启动；充、退磁有用。
K5	砂轮、冷却泵电机自行启动	SB2 短路	电磁吸盘充磁或者退磁时，砂轮、冷却泵电机自行启动。
K6	砂轮、冷却泵电机不能启动	5、6 号线	电磁吸盘充磁或者退磁时，砂轮、冷却泵电机不能启动。
K7	砂轮、冷却泵电机不能启动	5、6 号线	电磁吸盘充磁或者退磁时，砂轮、冷却泵电机不能启动。
K8	机床不能启动	2、10、11、12 号线	砂轮、冷却泵、液压泵电机均不能启动，充、退磁有用。
K9	机床不能启动	2、10、11、12 号线	砂轮、冷却泵、液压泵电机均不能启动，充、退磁有用。
K10	机床不能启动	2、10、11、12 号线	砂轮、冷却泵、液压泵电机均不能启动，充、退磁有用。
K11	液压泵不能启动	4、7、8 号线	电磁吸盘充磁或者退磁时，液压泵电机不能启动。
K12	液压泵不能启动	4、7、8 号线	电磁吸盘充磁或者退磁时，液压泵电机不能启动。
K13	液压泵不能启动	4、7、8 号线	电磁吸盘充磁或者退磁时，液压泵电机不能启动。
K14	电磁吸盘不能工作	14、16、18、24 号线	表现为充磁或退磁时，电磁吸盘工作指示灯不亮。
K15	电磁吸盘不能工作	14、16、18、24 号线	表现为充磁或退磁时，电磁吸盘工作指示灯不亮。
K16	电磁吸盘不能工作	14、16、18、24 号线	表现为充磁或退磁时，电磁吸盘工作指示灯不亮。
K17	电磁吸盘吸力不足		电磁吸盘充磁时，表现为电磁吸盘工作指示灯亮度不够。

（续表）

故障开关	故障现象	故障范围	备　注
K18	退磁效果不好	R2 短路	电磁吸盘退磁时，表现为电磁吸盘工作指示灯亮度很亮，调节电位器，亮度不可调。
K19	电磁吸盘不能退磁	20 号线	表现为退磁时，电磁吸盘工作指示灯不亮。
K20	电磁吸盘不能充磁	18 号线	表现为充磁时，电磁吸盘工作指示灯不亮。
K21	电磁吸盘不能工作	14、16、18、24 号线	表现为充磁或退磁时，电磁吸盘工作指示灯不亮。
K22	充磁时，砂轮电机不能启动	20 号线	能充磁，但砂轮、冷却泵、液压泵电机均不能启动；KI 线圈不吸合。
K23	电磁吸盘不工作	20 号线	充磁（或退磁）时，充磁（退磁）指示灯亮，电磁吸盘工作指示灯不亮。
K24	照明灯不亮	13、22、23、24 号线	SA1 接通，照明灯不亮。

五、项目总结

项目	评价内容	评价等级（学生自评）		
		A	B	C
关键能力考核项目	遵守纪律、遵守学习场所管理规定，服从安排			
	安全意识、责任意识，5S 管理意识，注重节约、节能与环保			
	学习态度积极主动，能参加实习安排的活动			
	团队合作意识，注重沟通，能自主学习及相互协作			
	仪容仪表符合活动要求			
专业能力考核项目	按时按要求独立完成工作页			
	工具、设备选择得当，使用符合技术要求			
	操作规范，符合要求			
	学习准备充分、齐全			
	注重工作效率与工作质量			

项目四　Z3040B 摇臂钻床电气控制线路

一、项目目标

- 能读懂 Z3040B 摇臂钻床电气控制线路电路图
- 能说出 Z3040B 摇臂钻床电气控制线路工作原理
- 能排除 Z3040B 摇臂钻床电气控制线路的线路故障

二、项目描述

使用给定的 Z3040B 摇臂钻床模拟操作盘，按电路原理图分析电路，认识电路各组成部分，掌握电路工作原理，会试运行操作 Z3040B 摇臂钻床模拟操作盘，会利用万用表排除电路故障。

三、项目准备

（一）KH－Z3040B 摇臂钻床电气控制线路的工作原理

1. 主要结构及运动形式

图 4－1 是 Z3040B 摇臂钻床的外形图。它主要由底座、内立柱、外立柱、摇臂、主轴箱、工作台等组成。内立柱固定在底座上，在它外面套着空心的外立柱，外立柱可绕着内立柱回转一周，摇臂一端的套筒部分与外立柱滑动配合，借助于丝杆，摇臂可沿着外立柱上下移动，但两者不能做相对移动，所以摇臂将与外立柱一起相对内立柱回转。主轴箱是一个复合的部件，它具有主

轴及主轴旋转部件和主轴进给的全部变速和操纵机构。主轴箱可沿着摇臂上的水平导轨作径向移动。当进行加工时,可利用特殊的夹紧机构将外立柱紧固在内立柱上,摇臂紧固在外立柱上,主轴箱紧固在摇臂导轨上,然后进行钻削加工。

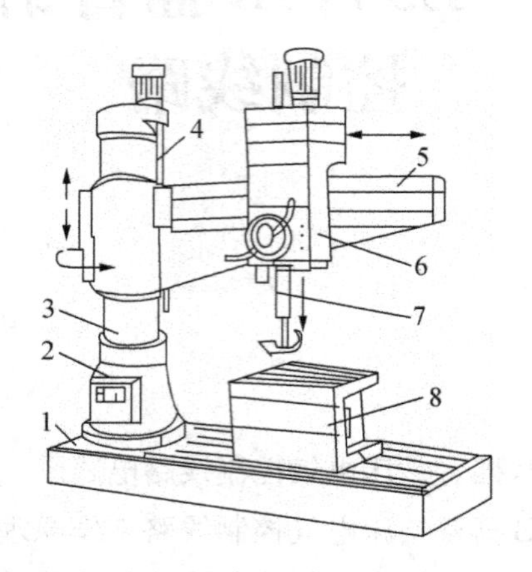

1-底座　2-内立柱　3-外立柱　4-摇臂升降丝杆
5-摇臂　6-主轴箱　7-主轴　8-工作台

图4-1　Z3040B型摇臂钻床外形图

主运动:主轴的旋转。进给运动:主轴的轴向进给。摇臂钻床除主运动与进给运动外,还有外立柱、摇臂和主轴箱的辅助运动,它们都有夹紧装置和固定位置。摇臂的升降及夹紧放松由一台异步电动机拖动,摇臂的回转和主轴箱的径向移动采用手动,立柱的夹紧松开由一台电动机拖动一台齿轮泵来供给夹紧装置所用的压力油来实现,同时通过电气联锁来实现主轴箱的夹紧与放松。

摇臂钻床的主轴旋转和摇臂升降不允许同时进行,以保证安全生产。

2. 电力拖动特点及控制要求

(1) 由于摇臂钻床的运动部件较多,为简化传动装置,使用多电机拖动,主电动机承担主钻削及进给任务,摇臂升降及其夹紧放松、立柱夹紧放松和冷却泵各用一台电动机拖动。

(2) 为了适应多种加工方式的要求,主轴及进给应在较大范围内调速。但这些调速都是机械调速,用手柄操作变速箱调速,对电动机无任何调速要求。从结构上看,主轴变速机构与进给变速机构应该放在一个变速箱内,而且两种运动由一台电动机拖动是合理的。

(3) 加工螺纹时要求主轴能正反转。摇臂钻床的正反转一般用机械方法实现,电动机只需单方向旋转。

3. 电气控制线路分析

KH－Z3040B摇臂钻床的电气控制线路见附图5。

(1) 主电路分析

本机床的电源开关采用接触器KM。这是由于本机床的主轴旋转和摇臂升降不用按钮操作,而采用了不自动复位的开关操作。用按钮和接触器来代替一般的电源开关,就可以具有零压保护和一定的欠电压保护作用。

主电动机M2和冷却泵电机M1都只需单方向旋转,所以用接触器KM1和KM6分别控制。立柱夹紧松开电动机M3和摇臂升降电动机M4都需要正反转,所以各用两只接触器控制。KM2和KM3控制立柱的夹紧和松开;KM4和KM5控制摇臂的升降。KH－Z3040B型摇臂钻床的四台电动机只用了两套熔断器作短路保护。只有主轴电动机具有过载保护。因立柱夹紧松开电动机M3和摇臂升降电动机M4都是短时工作,故不需要用热继电器来作过载保护。冷却泵电机M1因容量很小,也没有应用保护器件。

在安装实际的机床电气设备时,应当注意三相交流电源的相序。如果三相电源的相序接错了,电动机的旋转方向就要与规定的方向不符,在开动机床时容易发生事故。KH－Z3040B型摇臂钻床三相电源的相序可以用立柱的夹紧机构来检查。KH－Z3040B型摇臂钻床立柱的夹紧和放松动作有指示标牌指示。接通机床电源,使接触器KM动作,将电源引入机床,然后按压立柱夹紧或放松按钮SB1和SB2。如果夹紧和松开动作与标牌的指示相符合,就表示三相电源的相序是正确的。如果夹紧与松开动作与标牌的指示相反,三相电源的相序一定是接错了。这时就应当关断总电源,把三相电源线中的任意两根电线对调位置接好,就可以保证相序正确。

(2) 控制电路分析

准备工作:合上电源开关QS1→按下SB3→KM线圈得电、KM(37—38)、KM(34—35)闭合自锁→KM主触头闭合→机床的三相电源接通,“电源指示”灯EL亮,“主轴箱夹紧”指示灯亮。按下SB4,KM线圈失电,机床三相电源即被断开,“电源指示”灯EL灭,“主轴箱夹紧”指示灯灭。

① 冷却泵电机 M1 的控制

电路分析：按下按钮 SB3，电源接触器 KM 吸合并自锁，把机床的三相电源接通。按 SB4，KM 断电释放，机床电源即被断开。KM 吸合后，转动 SA6，KM6 则通电吸合，冷却泵电机即旋转。

冷却泵电机 M1 的启动：合上 SA6→KM6 线圈得电→KM6 主触头闭合→M1 启动。M1 启动时，控制回路电流：QS1(L21)→FU3→SA6→KM6 线圈→QS1(L11)。即通路为：L21—36—39—KM6 线圈—L11。

② 主轴电动机和摇臂升降电动机控制

电路分析：采用十字开关操作，控制线路中的 $SA1_a$、$SA1_b$ 和 $SA1_c$ 是十字开关的三个触头。十字开头的手柄有五个位置。当手柄处在中间位置，所有的触头都不通，手柄向右，触头 $SA1_a$ 闭合，接通主轴电动机接触器 KM1；手柄向上，触头 $SA1_b$ 闭合，接通摇臂上升接触器 KM4；手柄向下，触头 $SA1_c$ 闭合，接通摇臂下降接触器 KM5。手柄向左的位置，未加利用。十字开关的使用使操作形象化，不容易误操作。十字开关操作时，一次只能占有一个位置，KM1、KM4、KM5 三个接触器就不会同时通电，这就有利于防止主轴电动机和摇臂升降电动机同时启动运行，也减少了接触器 KM4 与 KM5 的主触头同时闭合而造成短路事故的机会。但是单靠十字开关还不能完全防止 KM1、KM4 和 KM5 三个接触器的主触头同时闭合的事故。因为接触器的主触头由于通电发热和火花的影响，有时会焊住而不能释放。特别是在运作很频繁的情况下，更容易发生这种事故。这样，就可能在开关手柄改变位置的时候，一个接触器未释放，而另一个接触器又吸合，从而发生事故。所以，在控制线路上，KM1、KM4、KM5 三个接触器之间都有动断触头进行联锁，使线路的动作更为安全可靠。

a. 主电动机 M2 的控制

主电动机 M2 的启动：SA1 向右拨到“主轴工作”位置($SA1_a$ 闭合)→KM1 线圈得电→KM1 主触头闭合→M2 启动运行，“主轴工作”指示灯亮。M2 启动时，控制回路电流：TC1(3)→FR→$SA1_a$→KM4(7—8)→KM5(8—9)→KM1 线圈→FU5→TC1(2)。即通路为：3—6—7—8—9—KM1 线圈—5—2。

b. 摇臂升降电机 M4 的控制

摇臂升降电机 M4 的正转启动：SA1 向上拨到“摇臂上升”位置($SA1_b$ 闭

合)→KM4线圈得电→KM4主触头闭合→M4启动正转运行,“摇臂上升”指示灯亮,SA1拨到中间位置或SQ1向右旋转[SQ1(10—11)断开],M4停止。M4启动时,控制回路电流:TC1(3)→FR→SA1b→SQ1(10—11)→KM1(11—12)→KM5(12—13)→KM4线圈→FU5→TC1(2)。即通路为:3—6—10—11—12—13—KM4线圈—5—2。

摇臂升降电机M4的反转启动:SA1拨到“摇臂下降”位置($SA1_c$闭合)→KM5线圈得电→KM5主触头闭合→M4启动反转运行,“摇臂下降”指示灯亮,SA1拨到中间位置或SQ1向左旋转[SQ1(14—15)断开],M4停止。M4启动时,控制回路电流:TC1(3)→FR→$SA1_c$→SQ1(14—15)→KM1(15—16)→KM4(16—17)→KM5线圈→FU5→TC1(2)。即通路为:3—6—14—15—16—17—KM5线圈—5—2。

③ 摇臂升降和夹紧工作的自动循环

摇臂钻床正常工作时,摇臂应夹紧在立柱上。因此,在摇臂上升或下降之时,必须先松开夹紧装置。当摇臂上升或下降到指定位置时,夹紧装置又须将摇臂夹紧。本机床摇臂的松开,升(或降)、夹紧这个过程能够自动完成。将十字开关扳到上升位置(即向上),触头$SA1_b$闭合,接触器KM4吸合,摇臂升降电动机启动正转。这时候,摇臂还不会移动,电动机通过传动机构,先使一个辅助螺母在丝杆上旋转上升,辅助螺母带动夹紧装置使之松开。当夹紧装置松开的时候,带动行程开关SQ2,其触头SQ2(6—14)闭合,为接通接触器KM5做好准备。摇臂松开后,辅助螺母继续上升,带动一个主螺母沿着丝杆上升,主螺母则推动摇臂上升。摇臂升到预定高度,将十字开关扳到中间位置,触头$SA1_b$断开,接触器KM4断电释放。电动机停转,摇臂停止上升。由于行程开关SQ2(6—14)仍旧闭合着,所以在KM4释放后,接触器KM5即通电吸合,摇臂升降电动机即反转,这时电动机只是通过辅助螺母使夹紧装置将摇臂夹紧,摇臂并不下降。当摇臂完全夹紧时,行程开关SQ2(6—14)即断开,接触器KM5就断电释放,电动机M4停转。摇臂下降的过程与上述情况相同。

SQ1是组合行程开关,它的两对动断触点分别作为摇臂升降的极限位置控制,起终端保护作用。当摇臂上升或下降到极限位置时,由撞块使SQ2(10—11)或(14—15)断开,切断接触器KM4和KM5的通路,使电动机停转,从而起到了保护作用。

SQ1 为自动复位的组合行程开关，SQ2 为不能自动复位的组合行程开关。摇臂升降机构除了电气限位保护以外，还有机械极限保护装置，在电气保护装置失灵时，机械极限保护装置可以起保护作用。

④ 立柱夹紧松开电机 M3 和主轴箱的夹紧控制

电路分析：本机床的立柱分内外两层，外立柱可以围绕内立柱作 360°的旋转。内外立柱之间有夹紧装置。立柱的夹紧和放松由液压装置进行，电动机拖动一台齿轮泵。电动机正转时，齿轮泵送出压力油使立柱夹紧，电动机反转时，齿轮泵送出压力油使立柱放松。

立柱夹紧电动机用按钮 SB1 和 SB2 及接触器 KM2 和 KM3 控制，其控制为点动控制。按下按钮 SB1 或 SB2，KM2 或 KM3 就通电吸合，使电动机正转或反转，将立柱夹紧或放松。松开按钮，KM2 或 KM3 就断电释放，电动机即停止。

立柱的夹紧松开与主轴箱的夹紧松开有电气上的联锁。立柱松开，主轴箱也松开，立柱夹紧，主轴箱也夹紧，当按 SB2，接触器 KM3 吸合，立柱松开，KM3(6—22)闭合，中间继电器 KA 通电吸合并自保。KA 的一个动合触头接通电磁阀 YV，使液压装置将主轴箱松开。在立柱放松的整个时期内，中间继电器 KA 和电磁阀 YV 始终保持工作状态。按下按钮 SB1，接触器 KM2 通电吸合，立柱被夹紧。KM2 的动断辅助触头(22—23)断开，KA 断电释放，电磁阀 YV 断电，液压装置将主轴箱夹紧。

在该控制线路里，我们不能用接触器 KM2 和 KM3 来直接控制电磁阀 YV。因为电磁阀必须保持通电状态，主轴箱才能松开。一旦 YV 断电，液压装置立即将主轴箱夹紧。KM2 和 KM3 均是点动工作方式，当按下 SB2 使立柱松开后放开按钮，KM3 断电释放，立柱不会再夹紧，这样为了使放开 SB2 后，YV 仍能始终通电，就不能用 KM3 来直接控制 YV，而必须用一只中间继电器 KA，在 KM3 断电释放后，KA 仍能保持吸合，使电磁阀 YV 始终通电，从而使主轴箱始终松开。只有当按下 SB1，使 KM2 吸合，立柱夹紧，KA 才会释放，YV 才断电，主轴箱也被夹紧。

立柱松开夹紧电机 M3 的正转启动：按下 SB1→KM2 线圈得电→KM2 主触头闭合→M3 启动正转运行，“立柱夹紧”指示灯亮，松开 SB1，M3 停止。

M3启动时，控制回路电流：TC1(3)→FR→SB1→KM3(18—19)→KM2线圈→FU5→TC1(2)。即通路为：3—6—18—19—KM2线圈—5—2。

立柱松开夹紧电机M3的反转启动：按下SB2→KM3线圈得电→KM3主触头闭合→KM3(6—22)辅助常开触头闭合自锁→KA线圈得电→KA(6—22)、KA(6—24)辅助常开触头闭合自锁→M3启动运行，电磁阀YV得电吸合松闸，“立柱松开”指示灯亮，“主轴箱松开”指示灯亮。松开SB2，M3停止，“立柱松开”指示灯灭。按下SB1，KA线圈释放，YV释放，主轴箱夹紧。M4启动时，控制回路电流：TC1(3)→FR→SB2→KM2(20—21)→KM3线圈→FU5→TC1(2)。即通路为：3—6—20—21—KM3线圈—5—2。电磁阀YV得电时，控制回路电流：

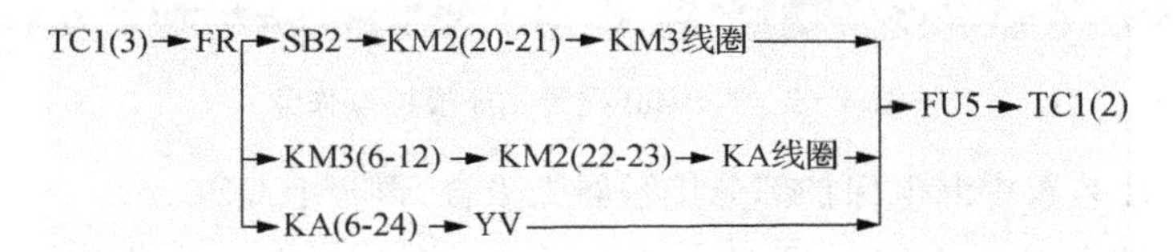

即通路为：3—6—20—21—KM3线圈—5—2—3—6—22—23—KA线圈—5—2—3—6—24—电磁阀YV—5—2。

⑤ 照明灯HL控制

照明灯HL控制：合上SA1→照明灯HL亮。

照明灯HL控制电流回路：TC1(1)→FU4→SA3→HL→TC1(3)。即通路为：1—4—25—3。

四、项目实施

(一) KH-Z3040B摇臂钻床电气模拟装置的试运行操作

1. 准备工作

(1) 查看装置背面各电器元件上的接线是否紧固，各熔断器是否安装良好；

(2) 独立安装好接地线，设备下方垫好绝缘垫，将各开关置分断位；

(3) 插上三相电源。

2. 操作试运行

Z3040B摇臂钻床模拟操作盘如图4-2所示。

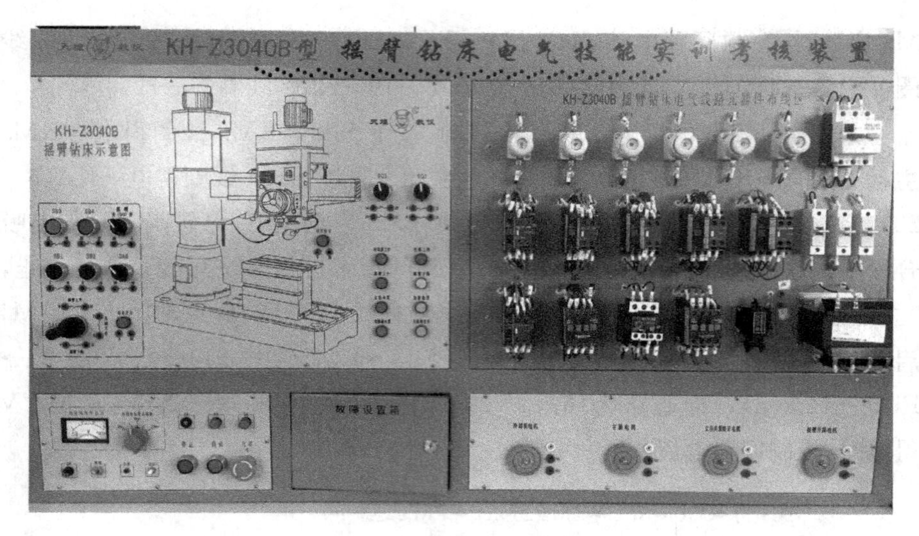

图 4－2　Z3040B 摇臂钻床模拟操作盘

(1) 使装置中漏电保护部分接触器先吸合，再合上 QS1。

(2) 按下 SB3，KM 线圈吸合，“电源指示”灯 EL 亮，说明机床电源已接通，同时“主轴箱夹紧”指示灯亮，说明 YV 没有通电。

(3) 转动 SA6，KM6 线圈得电吸合，冷动泵电机 M1 工作，“冷却泵工作”指示灯亮；转动 SA3，照明指示灯亮。

(4) 十字开关手柄 SA1 向右拨到“主轴工作”位置，KM1 线圈得电吸合，主轴电机 M2 旋转，“主轴工作”指示灯亮；手柄回到中间，M2 即停。

(5) 十字开关手柄 SA1 向上拨到“摇臂上升”位置，KM4 线圈得电吸合，摇臂升降电机 M4 正转，“摇臂上升”指示灯亮，手柄回到中间，M4 即停；SQ2 向右置于“上夹”位置[SQ2(6—14)闭合]，KM5 线圈得电吸合，M4 反转，“摇臂下降”指示灯亮，SQ2 置中间位置，M4 停转；十字开关手柄 SA1 向下拨到“摇臂下降”位置，KM5 线圈得电吸合，摇臂升降电机 M5 反转，“摇臂下降”指示灯亮，手柄回到中间，M4 即停；SQ2 向左置于“下夹”位置[SQ2(6—10)闭合]，KM4 线圈得电吸合，M4 正转，“摇臂上升”指示灯亮，SQ2 置中间位置，M4 停转。实际机床中，SQ2 能自行动作，模拟装置中靠手动模拟。SQ1 起摇臂升降的终端保护作用。

(6) 按下 SB1，KM2 线圈吸合，立柱夹紧松开电机 M3 正转，立柱夹紧，“立柱夹紧”指示灯亮。松开按钮 SB1，M3 即停。

（7）按下 SB2，KM3 线圈吸合，立柱夹紧松开电机 M3 反转，立柱松开，“立柱松开”指示灯亮，同时 KA 线圈吸合并自锁，电磁阀 YV 得电吸合松闸，主轴箱松开，“主轴箱松开”指示灯亮，松开 SB2，M3 即停转，但 KA 仍吸合，“主轴箱松开”指示灯始终亮，要使主轴箱夹紧，按下 SB1，KA 线圈释放，YV 释放，“主轴箱夹紧”指示灯亮。

（8）按下 SB4，机床电源即被切断。

（二）故障设置一览表及故障分析

故障开关	故障现象	故障范围	备　注
K1	机床不能启动	V21、U21 号线	电源能接通，冷却泵能启动，其他控制失灵。
K2	机床不能启动	2、5、3、6 号线	电源能接通，冷却泵能启动，电源指示灯能亮，其他控制失灵。
K3	机床不能启动	2、5、3、6 号线	电源能接通，冷却泵能启动，电源指示灯能亮，其他控制失灵。
K4	主轴电机不能启动	7、8、9 号线	SA1 在 A 位，KM1 不能吸合，主轴不动。
K5	主轴电机不能启动	7、8、9 号线	SA1 在 A 位，KM1 不能吸合，主轴不动。
K6	摇臂不能上升	10、11、12、13 号线	SA1 在 B 位，KM4 不能吸合，摇臂不能上升，M4 不动。
K7	摇臂不能上升	10、11、12、13 号线	SA1 在 B 位，KM4 不能吸合，摇臂不能上升，M4 不动。
K8	摇臂不能下降	14、15、16、17 号线	SA1 在 C 位，KM5 不能吸合，摇臂不能下降，M4 不动。
K9	摇臂不能下降	14、15、16、17 号线	SA1 在 C 位，KM5 不能吸合，摇臂不能下降，M4 不动。
K10	摇臂不能下降	14、15、16、17 号线	SA1 在 C 位，KM5 不能吸合，摇臂不能下降，M4 不动。
K11	立柱不能夹紧	6、18、19 号线	按下 SB1，KM2 不能吸合，立柱不能夹紧，M3 不动。
K12	立柱不能夹紧	6、18、19 号线	按下 SB1，KM2 不能吸合，立柱不能夹紧，M3 不动。

（续表）

故障开关	故障现象	故障范围	备　注
K13	立柱不能夹紧	6、18、19 号线	按下 SB1，KM2 不能吸合，立柱不能夹紧，M3 不动。
K14	立柱自行松开	SB2 短路	通电后，KM3 自动吸合，立柱自行松开，M3 自行启动。
K15	立柱不能松开	20、21 号线	按下 SB2，KM3 不能吸合，立柱不能松开，M3 不动。
K16	立柱不能松开	20、21 号线	按下 SB2，KM3 不能吸合，立柱不能松开，M3 不动。
K17	主轴箱不能保持松开	22 号线	按下立柱放松按钮 SB2，KM3 吸合，立柱松紧电机反转，中间继电器 KA、电磁阀 YV 吸合，主轴箱松开，松开按钮 SB2，KA、YV 释放，主轴箱夹紧。
K18	主轴箱不能松开	22 号线	按下立柱放松按钮 SB2，KM3 吸合，立柱松紧电机反转，中间继电器 KA、电磁阀 YV 不动作，主轴箱不能松开。
K19	主轴箱不能松开	22 号线	按下立柱放松按钮 SB2，KM3 吸合，立柱松紧电机反转，中间继电器 KA、电磁阀 YV 不动作，主轴箱不能松开。
K20	主轴箱不能松开	24、5 号线	按下立柱放松按钮 SB2，KM3 吸合，立柱松紧电机反转，中间继电器 KA 吸合，电磁阀 YV 不动作，主轴箱不能松开。
K21	主轴箱不能松开	24、5 号线	按下立柱放松按钮 SB2，KM3 吸合，立柱松紧电机反转，中间继电器 KA 吸合，电磁阀 YV 不动作，主轴箱不能松开。
K22	机床不能启动	L11、L21 号线	按下 SB3，电源开关 KM 不动作，电源无法接通。
K23	电源开关 KM 不能保持	37 号线	按下 SB3，KM 吸合，松开 SB3，KM 释放，机床断电。
K24	冷却泵不能启动	36、39 号线	SA6 合上，KM6 不能吸合，冷却泵电机 M1 不能启动
K25	照明灯不亮	25 号线	SA3 合上，照明灯 HL 不亮

五、项目总结

项目	评价内容	评价等级(学生自评)		
		A	B	C
关键能力考核项目	遵守纪律、遵守学习场所管理规定，服从安排			
	安全意识、责任意识，5S管理意识，注重节约、节能与环保			
	学习态度积极主动，能参加实习安排的活动			
	团队合作意识，注重沟通，能自主学习及相互协作			
	仪容仪表符合活动要求			
专业能力考核项目	按时按要求独立完成工作页			
	工具、设备选择得当，使用符合技术要求			
	操作规范，符合要求			
	学习准备充分、齐全			
	注重工作效率与工作质量			
小组评语及建议		组长签名： 年　月　日		
老师评语及建议		教师签名： 年　月　日		

项目五　X62W 万能铣床电气控制电路

一、项目目标

● 能读懂 X62W 万能铣床电气控制线路电路图
● 能说出 X62W 万能铣床控制线路工作原理
● 能排除 X62W 万能铣床电气控制线路的线路故障

二、项目描述

使用给定的 X62W 万能铣床模拟操作盘，按电路原理图分析电路，认识电路各组成部分，掌握电路工作原理，会试运行操作 X62W 万能铣床模拟操作盘，会利用万用表排除电路故障。

三、项目准备

（一）X62W 万能铣床电气控制线路工作原理

1. 机床的主要结构及运动形式

（1）主要结构

机床由床身、主轴、刀杆、横梁、工作台、回转盘、横溜板和升降台等几部分组成，如图 5-1 所示。

（2）运动形式

① 主轴转动是由主轴电动机通过弹性联轴器来驱动传动机构，当机构中

的一个双联滑动齿轮块啮合时，主轴即可旋转。

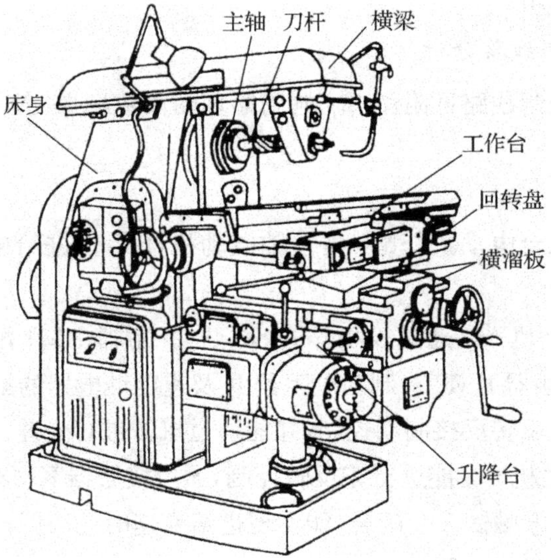

图 5－1　X62W 万能铣床外形图

② 工作台面的移动由进给电动机驱动，它通过机械机构使工作台能进行三种形式六个方向的移动，即：工作台面能直接在溜板上部可转动部分的导轨上作纵向（左、右）移动；工作台面借助横溜板作横向（前、后）移动；工作台面还能借助升降台作垂直（上、下）移动。

2. 机床对电气线路的主要要求

（1）机床要求有三台电动机，分别称为主轴电动机、进给电动机和冷却泵电动机。

（2）由于加工时有顺铣和逆铣两种，所以要求主轴电动机能正反转及在变速时能瞬时冲动一下，以利于齿轮的啮合，并要求还能制动停车和实现两地控制。

（3）工作台的三种运动形式六个方向的移动是依靠机械的方法来达到的，对进给电动机要求能正反转，且要求纵向、横向、垂直三种运动形式相互间应有联锁，以确保操作安全。同时要求工作台进给变速时，电动机也能实现瞬间冲动、快速进给及两地控制等要求。

（4）冷却泵电动机只要求正转。

(5) 进给电动机与主轴电动机需实现两台电动机的联锁控制,即主轴工作后才能进行进给。

3. 电气控制线路分析

机床电气控制线路见附图 7。电气原理图由主电路、控制电路和照明电路三部分组成。

(1) 主电路

主电路有三台电动机。M1 是主轴电动机;M2 是进给电动机;M3 是冷却泵电动机。

① 主轴电动机 M1 通过换相开关 SA5 与接触器 KM1 配合,能进行正反转控制,而与接触器 KM2 、制动电阻器 R 及速度继电器的配合,能实现串电阻瞬时冲动和正反转反接制动控制,并能通过机械进行变速。

② 进给电动机 M2 能进行正反转控制,通过接触器 KM3、KM4 与行程开关及 KM5、牵引电磁铁 YA 配合,能实现进给变速时的瞬时冲动、六个方向的常速进给和快速进给控制。

③ 冷却泵电动机 M3 只能正转。

④ 熔断器 FU1 作机床总短路保护,也兼作 M1 的短路保护;FU2 作为 M2、M3 及控制变压器 TC、照明灯 EL 的短路保护;热继电器 FR1、FR2、FR3 分别作为 M1、M2、M3 的过载保护。

(2) 控制电路

1) 主轴电动机的控制(电路见图 5 - 2)

① SB1、SB3 与 SB2、SB4 是分别装在机床两边的停止(制动)和启动按钮,实现两地控制,方便操作。

② KM1 是主轴电动机启动接触器,KM2 是反接制动和主轴变速冲动接触器。

③ SQ7 是与主轴变速手柄联动的瞬时动作行程开关。

④ 主轴电动机需启动时,要先将 SA5 扳到主轴电动机所需要的旋转方向,然后再按启动按钮 SB3 或 SB4 来启动电动机 M1。

⑤ M1 启动后,速度继电器 KS 的一副常开触点闭合,为主轴电动机的停转制动做好准备。

⑥ 停车时,按停止按钮 SB1 或 SB2 切断 KM1 电路,接通 KM2 电路,改变

M1 的电源相序进行串电阻反接制动。当 M1 的转速低于 120 转/分时，速度继电器 KS 的一副常开触点恢复断开，切断 KM2 电路，M1 停转，制动结束。

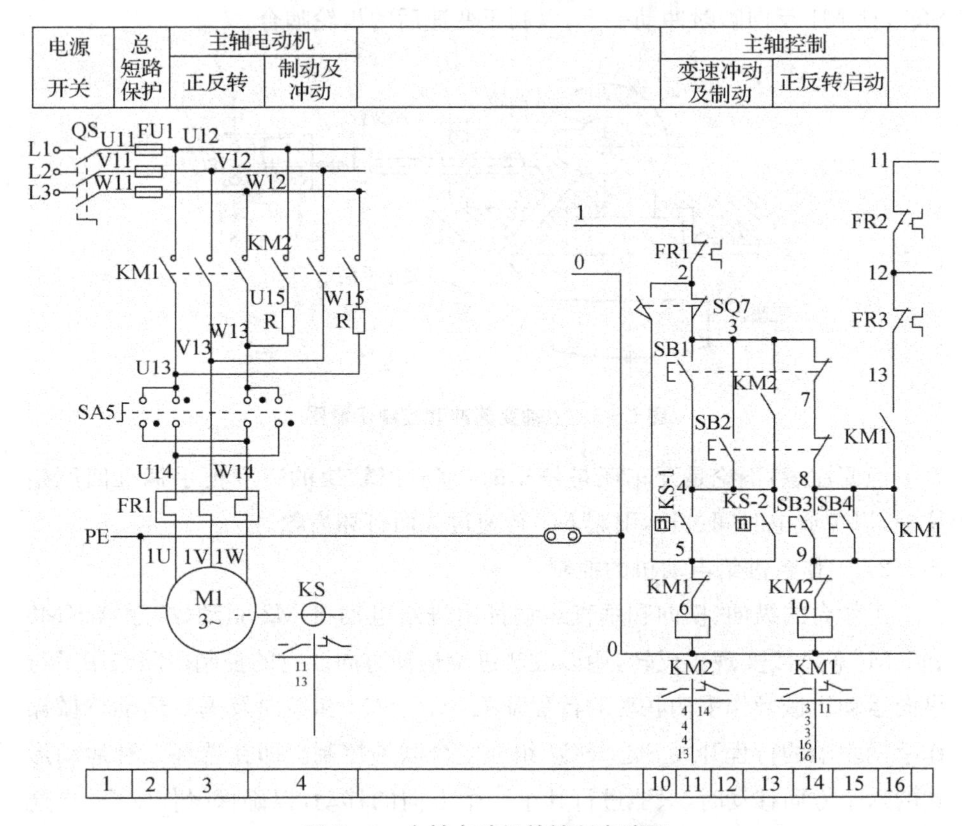

图 5－2　主轴电动机的控制电路图

据以上分析可写出主轴电机转动(即按 SB3 或 SB4)时控制线路的通路：1—2—3—7—8—9—10—KM1 线圈—O；主轴停止与反接制动(即按 SB1 或 SB2)时的通路：1—2—3—4—5—6—KM2 线圈—O。

⑦ 主轴电动机变速时的瞬动(冲动)控制，是利用变速手柄与冲动行程开关 SQ7 通过机械上联动机构进行控制的，如图 5－3 所示。

变速时，先下压变速手柄，然后拉到前面，当快要落到第二道槽时，转动变速盘，选择需要的转速。此时凸轮压下弹簧杆，使冲动行程 SQ7 的常闭触点先断开，切断 KM1 线圈的电路，电动机 M1 断电；同时 SQ7 的常开触点后接通，KM2 线圈得电动作，M1 被反接制动。当手柄拉到第二道槽时，SQ7 不受凸轮控制而复位,M1 停转。

接着把手柄从第二道槽推回原始位置时,凸轮又瞬时压动行程开关 SQ7,使 M1 反向瞬时冲动一下,以利于变速后的齿轮啮合。

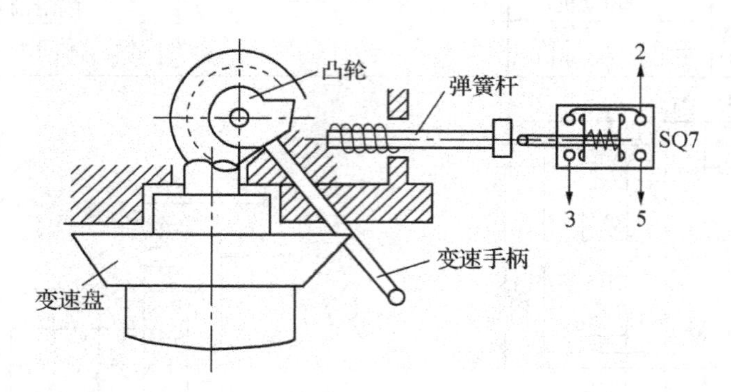

图 5-3 主轴变速冲动控制示意图

但要注意,不论是开车还是停车时,都应以较快的速度把手柄推回原始位置,以免通电时间过长,引起 M1 转速过高而打坏齿轮。

2) 工作台进给电动机的控制

工作台的纵向、横向和垂直运动都由进给电动机 M2 驱动,接触器 KM3 和 KM4 使 M2 实现正反转,用以改变进给运动方向。它的控制电路采用了与纵向运动机械操作手柄联动的行程开关 SQ1、SQ2 和横向及垂直运动机械操作手柄联动的行程开关 SQ3、SQ4 组成复合联锁控制。即在选择三种运动形式的六个方向移动时,只能进行其中一个方向的移动,以确保操作安全,当这两个机械操作手柄都在中间位置时,各行程开关都处于未压的原始状态,如书中附录图 4 所示。

由原理图可知:M2 电机在主轴电机 M1 启动后才能进行工作。在机床接通电源后,将控制圆工作台的组合开关 SA3 扳到断开,使触点 SA3—1(17—18)和 SA3—3(12—21)闭合,而 SA3—2(19—21)断开,然后启动 M1,这时接触器 KM1 吸合,使 KM1(9—12)闭合,就可进行工作台的进给控制。

① 工作台纵向(左右)运动的控制,工作台的纵向运动是由进给电动机 M2 驱动,由纵向操纵手柄来控制。此手柄是复式的,一个安装在工作台底座的顶面中央部位,另一个安装在工作台底座的左下方。手柄有三个:向左、向右、零位。当手柄扳到向右或向左运动方向时,手柄的联动机构压下行程

SQ1 或 SQ2，使接触器 KM3 或 KM4 动作，控制进给电动机 M2 的正反转。工作台左右运动的行程，可通过调整安装在工作台两端的撞铁位置来实现。当工作台纵向运动到极限位置时，撞铁撞动纵向操纵手柄，使它回到零位，M2 停转，工作台停止运动，从而实现了纵向终端保护。

工作台向左运动：在 M1 启动后，将纵向操作手柄扳至向左位置，一方面机械接通纵向离合器，同时在电气上压下 SQ1，使 SQ1—2 断，SQ1—1 通，而其他控制进给运动的行程开关都处于原始位置，此时使 KM3 吸合，M2 正转，工作台向左进给运动。其控制电路的通路为：11—15—16—17—18—19—20—KM3 线圈—O，工作台向右运动：当纵向操纵手柄扳至向右位置时，机械上仍然接通纵向进给离合器，但却压动了行程开关 SQ2，使 SQ2—2 断，SQ2—1 通，使 KM4 吸合，M2 反转，工作台向右进给运动，其通路为：11—15—16—17—18—24—25—KM4 线圈—O。

② 工作台垂直（上下）和横向（前后）运动的控制：工作台的垂直和横向运动，由垂直和横向进给手柄操纵。此手柄也是复式的，有两个完全相同的手柄分别装在工作台左侧的前、后方。手柄的联动机械一方面压下行程开关 SQ3 或 SQ4，同时能接通垂直或横向进给离合器。操纵手柄有五个位置（上、下、前、后、中间），五个位置是联锁的，工作台的上下和前后的终端保护是利用装在床身导轨旁与工作台座上的撞铁，将操纵十字手柄撞到中间位置，使 M2 断电停转。

工作台向前（或者向下）运动的控制：将十字操纵手柄扳至向前（或者向下）位置时，机械上接通横向进给（或者垂直进给）离合器，同时压下 SQ4，使 SQ4—2 断，SQ4—1 通，使 KM4 吸合，M2 反转，工作台向前（或者向下）运动。

其通路为：11—21—22—17—18—24—25—KM4 线圈—O；工作台向后（或者向上）运动的控制：将十字操纵手柄扳至向后（或者向上）位置时，机械上接通横向进给（或者垂直进给）离合器，同时压下 SQ3，使 SQ3—2 断，SQ3—1 通，使 KM3 吸合，M2 正转，工作台向后（或者向上）运动。其通路为：11—21—22—17—18—19—20—KM3 线圈—O。

③ 进给电动机变速时的瞬动（冲动）控制：变速时，为使齿轮易于啮合，进给变速与主轴变速一样，设有变速冲动环节。当需要进行进给变速时，应将转速盘的蘑菇形手轮向外拉出并转动转速盘，把所需进给量的标尺数字对准

箭头，然后再把蘑菇形手轮用力向外拉到极限位置并随即推向原位，就在一次操纵手轮的同时，其连杆机构二次瞬时压下行程开关 SQ6，使 KM3 瞬时吸合，M2 作正向瞬动。

其通路为：11—21—22—17—16—15—19—20—KM3 线圈—O，由于进给变速瞬时冲动的通电回路要经过 SQ1～SQ4 四个行程开关的常闭触点，因此只有当进给运动的操作手柄都在中间（停止）位置时，才能实现进给变速冲动控制，以保证操作时的安全。同时，与主轴变速时冲动控制一样，电动机的通电时间不能太长，以防止转速过高，在变速时打坏齿轮。

④ 工作台的快速进给控制：为提高劳动生产率，要求铣床在不作铣切加工时，工作台能快速移动。

工作台快速进给也是由进给电动机 M2 来驱动，在纵向、横向和垂直三种运动形式六个方向上都可以实现快速进给控制。

主轴电动机启动后，将进给操纵手柄扳到所需位置，工作台按照选定的速度和方向作常速进给移动时，再按下快速进给按钮 SB5（或 SB6），使接触器 KM5 通电吸合，接通牵引电磁铁 YA，电磁铁通过杠杆使摩擦离合器合上，减少中间传动装置，使工作台按运动方向作快速进给运动。当松开快速进给按钮时，电磁铁 YA 断电，摩擦离合器断开，快速进给运动停止，工作台仍按原常速进给时的速度继续运动。

3）圆工作台运动的控制

铣床如需铣切螺旋槽、弧形槽等曲线时，可在工作台上安装圆形工作台及其传动机械，圆形工作台的回转运动也是由进给电动机 M2 传动机构驱动的。

圆工作台工作时，应先将进给操作手柄都扳到中间（停止）位置，然后将圆工作台组合开关 SA3 扳到圆工作台接通位置。此时 SA3—1 断，SA3—3 断，SA3—2 通。准备就绪后，按下主轴启动按钮 SB3 或 SB4，则接触器 KM1 与 KM3 相继吸合。主轴电机 M1 与进给电机 M2 相继启动并运转，而进给电动机仅以正转方向带动圆工作台作定向回转运动。其通路为：11—15—16—17—22—21—19—20—KM3 线圈—O，由上可知，圆工作台与工作台进给有互锁，即当圆工作台工作时，不允许工作台在纵向、横向、垂直方向上有任何运动。若误操作而扳动进给运动操纵手柄（即压下 SQ1～SQ4、SQ6 中任一个），M2 即停转。

四、项目实施

（一）X62W 万能铣床电气模拟装置的安装与试运行操作

1. 准备工作

（1）查看各电器元件上的接线是否紧固，各熔断器是否安装良好。

（2）独立安装好接地线，设备下方垫好绝缘垫，将各开关置分断位置。

（3）插上三相电源。

2. 操作试运行

X62W 万能铣床模拟操作盘如图 5－4 所示。

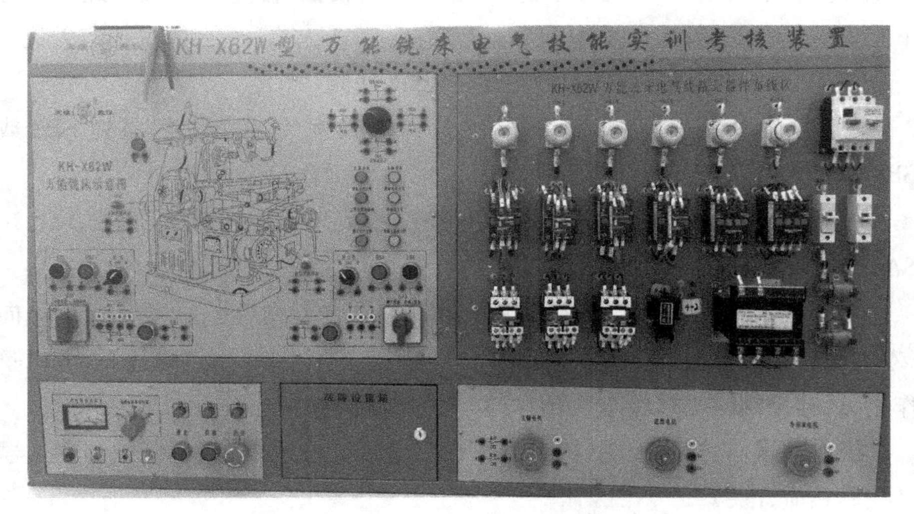

图 5－4　X62W 万能铣床模拟操作盘

插上电源后，各开关均应置分断位置。参看附图 7 电路原理图，按下列步骤进行机床电气模拟操作运行。

（1）先按下主控电源板的启动按钮，合上低压断路器开关 QS。

（2）SA5 置左位（或右位），电机 M1“正转”或“反转”指示灯亮，说明主轴电机可能运转的转向。

（3）旋转 SA4 开关，“照明”灯亮。转动 SA1 开关，“冷却泵电机”工作，指示灯亮。

（4）按下 SB3 按钮（或 SB1 按钮），电机 M1 启动（或反接制动）；按下 SB4 按钮（或 SB2 按钮），M1 启动（或反接制动）。注意：不要频繁操作“启动”与“停止”，以免电器过热而损坏。

按下 SB3 或 SB4：1—2—3—7—8—9—10—KM1 线圈—101

按下 SB1 或 SB2：1—2—3—4—5—6—10—KM2 线圈—101

（5）主轴电机 M1 变速冲动操作。

实际机床的变速是通过变速手柄的操作，瞬间压动 SQ7 行程开关，使电机产生微转，从而能使齿轮较好实现换挡啮合。

本模板要用手动操作 SQ7，模仿机械的瞬间压动效果：采用迅速的“点动”操作，使电机 M1 通电后，立即停转，形成微动或抖动。操作要迅速，以免出现“连续”运转现象。当出现“连续”运转时间较长，会使 R 发烫。此时应拉下闸刀后，重新进行送电操作。

压下 SQ7 行程开关：1—2—5—6—KM2 线圈—101

（6）主轴电机 M1 停转后，可转动 SA5 转换开关，按“启动”按钮 SB3 或 SB4，使电机换向。

（7）进给电机控制操作[SA3 开关状态（拨到非圆工作台工作）：SA3—1、SA3—3 闭合，SA3—2 断开]。

实际机床中的进给电机 M2 用于驱动工作台横向（前、后）、升降和纵向（左、右）移动的动力源，均通过机械离合器来实现控制“状态”的选择，电机只作正、反转控制，机械“状态”手柄与电气开关的动作对应关系如下：

工作台横向、升降控制（机床由“十字”复式操作手柄控制，既控制离合器又控制相应开关）。

工作台向后、向上运动—电机 M2 正转—SQ3 压下—11—21—22—17—18—19—20—KM3 线圈—101

工作台向前、向下运动—电机 M2 反转— SQ4 压下—11—21—22—17—18—24—25—KM4 线圈—101

模板操作：按动 SQ4，M2 反转。按动 SQ3，M2 正转。

（8）工作台纵向（左、右）进给运动控制：SA3 开关状态同上。

实际机床专用“纵向”操作手柄，既控制相应离合器，又压动对应的开关 SQ1 和 SQ2，使工作台实现了纵向的左和右运动。

工作台向左运动—电机 M2 正转—SQ1 压下—11—15—16—17—18—19—20—KM3 线圈—101

工作台向右运动—电机 M 反转—SQ2 压下—11—15—16—17—18—24—25—KM4 线圈—101

模板操作:按动 SQ2,M2 反转。按动 SQ1,M2 正转。

(9) 工作台快速移动操作。

在实际机床中,按动 SB5 或 SB6 按钮,电磁铁 YA 动作,改变机械传动链中中间传动装置,实现各方向的快速移动。

模板操作:在按动 SB5 或 SB6 按钮时,KM5 吸合,相应指示灯亮—11—21—23—KM5 线圈—101

(10) 进给变速冲动(功能与主轴冲动相同,便于换挡时,齿轮的啮合)。

实际机床中变速冲动的实现:在变速手柄操作中,通过联动机构瞬时带动"冲动行程开关 SQ6",使电机产生瞬动。

模拟"冲动"操作,按 SQ6,电机 M2 转动,操作此开关时应迅速压与放,以模仿瞬动压下效果—11—21—22—17—16—15—19—20—KM3 线圈—101

(11) 圆工作台回转运动控制:将圆工作台转换开关 SA3 扳到所需位置,此时,SA3—1、SA3—3 触点分断,SA3—2 触点接通(SA3 拨到圆工作台位置)。在启动主轴电机后,M2 电机正转,实际中即为圆工作台转动(此时工作台全部操作手柄扳在零位,即 SQ1—SQ4 均不压下)。11—15—16—17—22—21—19—20—KM3 线圈—101

(二) 故障设置一览表及故障分析

故障开关	故障现象	故障范围	备　注
K1	主轴无变速冲动	1、5、6	主电机的正、反转及停止制动均正常
K2	主轴、进给均不能启动	启动回路	照明、冷却泵工作正常
K3	按 SB1 停止时无制动	4	SB2 制动正常
K4	主轴电机无制动	5、6	按 SB1、SB2 停止时主轴均无制动

（续表）

故障开关	故障现象	故障范围	备　注
K5	主轴电机不能启动，KM1 不吸合	3、7、8、9、10	主轴不能启动，按下 SQ7 主轴可以冲动
K6	主轴不能启动，KM1 不吸合	3、7、8、9、10	主轴不能启动，按下 SQ7 主轴可以冲动
K7	进给电机不能启动	8、13、12、11	主轴能启动，进给电机不能启动
K8	进给电机不能启动	8、13、12、11	主轴能启动，进给电机不能启动
K9	进给电机不能启动	8、13、12、11	主轴能启动，进给电机不能启动
K10	冷却泵电机不能启动	1、14	其他工作正常
K11	进给变速无冲动，圆形工作台不能工作	19	非圆工作台工作正常
K12	工作台不能左右进给	15、16	向上（或向后）、向下（或向前）进给正常，进给变速无冲动
K13	工作台不能左右进给	15、16	向上（或向后）、向下（或向前）进给正常，能进行进给变速冲动
K14	非圆工作台不工作	18	圆工作台工作正常
K15	工作台能向右不能向左进给	19、20	非圆工作台工作时，不能向左进给，其他方向进给正常
K16	进给电机不能正转，能反转	20	圆工作台不能工作；非圆工作台工作时，不能向左、向上或向后进给
K17	工作台不能向上或向后进给	19	非圆工作台工作时，不能向上或向后进给，其他方向进给正常
K18	圆形工作台不能工作	19、21	非圆工作台工作正常，能进给冲动
K19	圆形工作台不能工作	19、21	非圆工作台工作正常，能进给冲动
K20	工作台能向左不能向右进给	24、25	非圆工作台工作时，不能向右进给，其他方向进给正常

（续表）

故障开关	故障现象	故障范围	备　注
K21	不能上下(或前后)进给,不能快进	21、23	圆工作台工作正常,非圆工作台工作时,能左右进给,不能快进,不能上下(或前后)进给
K22	不能上下(或前后)进给	17、22	圆工作台工作正常,非圆工作台工作时,能左右进给,左右进给时能快进;不能上下(或前后)进给
K23	不能向下(或前)进给	24、25	非圆工作台工作时,不能向下或向前进给,其他方向进给正常
K25	只能单一地快进操作	23	进给电机启动后,按 SB5 不能快进,按 SB6 能快进
K26	只能单一地快进操作	23	进给电机启动后,按 SB5 能快进,按 SB6 不能快进
K27	不能快进	21、23	进给电机启动后,不能快进
K28	电磁阀不动作	402	进给电机启动后,按下 SB5(或 SB6),KM5 吸合,电磁阀 YA 不动作
K29	进给电机不转	U17	进给操作时,KM3 或 KM4 能动作,但进给电机不转

五、项目总结

项目	评价内容	评价等级(学生自评)		
		A	B	C
关键能力考核项目	遵守纪律、遵守学习场所管理规定,服从安排			
	安全意识、责任意识,5S 管理意识,注重节约、节能与环保			
	学习态度积极主动,能参加实习安排的活动			
	团队合作意识,注重沟通,能自主学习及相互协作			
	仪容仪表符合活动要求			

（续表）

项目	评价内容	评价等级(学生自评)		
		A	B	C
专业能力考核项目	按时按要求独立完成工作页			
	工具、设备选择得当,使用符合技术要求			
	操作规范,符合要求			
	学习准备充分、齐全			
	注重工作效率与工作质量			
小组评语及建议		组长签名： 年　月　日		
老师评语及建议		教师签名： 年　月　日		

项目六　T68 卧式镗床电气控制线路

一、项目目标

- 能读懂 T68 卧式镗床电气控制线路电路图
- 能说出 T68 卧式镗床控制线路工作原理
- 能排除 T68 卧式镗床电气控制线路的线路故障

二、项目描述

使用给定的 T68 卧式镗床模拟操作盘，按电路原理图分析电路，认识电路各组成部分，掌握电路工作原理，会试运行操作 T68 卧式镗床模拟操作盘，会利用万用表排除电路故障。

三、项目准备

（一）T68 卧式镗床电气控制线路的工作原理

1．结构及运动形式

（1）结构：如图 6－1 所示

（2）运动形式：（在图中用箭头表示）

① 主运动：镗杆（主轴）旋转或平旋盘（花盘）旋转。

② 进给运动：主轴轴向（进、出）移动、主轴箱（镗头架）的垂直（上、下）移动、花盘刀具溜板的径向移动、工作台的纵向（前、后）和横向（左、右）移动。

③ 辅助运动：有工作台的旋转运动、后立柱的水平移动和尾架垂直移动。

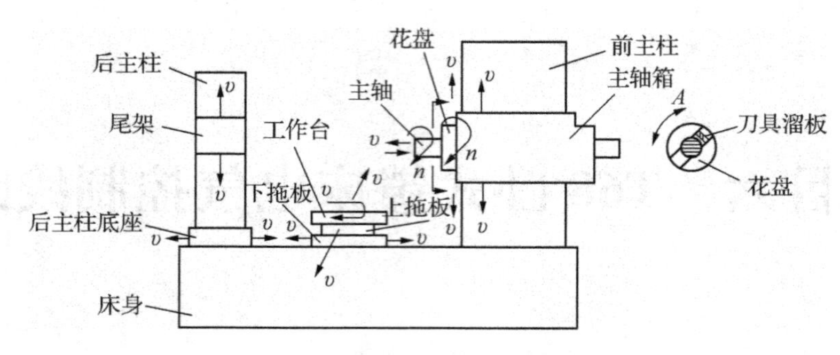

图 6-1　T68 镗床结构示意图

主体运动和各种常速进给由主轴电机 1M 驱动，但各部分的快速进给运动是由快速进给电机 2M 驱动。

2. 电气控制线路的特点

(1) 因机床主轴调速范围较大，且恒功率，主轴与进给电动机 1M 采用 Δ/YY 双速电机。低速时，1U1、1V1、1W1 接三相交流电源，1U2、1V2、1W2 悬空，定子绕组接成三角形，每相绕组中两个线圈串联，形成的磁极对数 P＝2；高速时，1U1、1V1、1W1 短接，1U2、1V2、1W2 端接电源，电动机定子绕组连接成双星形(YY)，每相绕组中的两个线圈并联，磁极对数 P＝1。高、低速的变换，由主轴孔盘变速机构内的行程开关 SQ7 控制，其动作说明见表 6-1。

表 6-1　主电动机高、低速变换行程开关动作说明

位置 触点	主电动机低速	主电动机高速
SQ7(11—12)	关	开

(2) 主电动机 1M 可正、反转连续运行，也可点动控制，点动时为低速。主轴要求快速准确制动，故采用反接制动，控制电器采用速度继电器。为限制主电动机的启动和制动电流，在点动和制动时，定子绕组串入电阻 R。

(3) 主电动机低速时直接启动。高速运行是由低速启动延时后再自动转成高速运行的，以减小启动电流。

(4) 在主轴变速或进给变速时，主电动机需要缓慢转动，以保证变速齿轮进入良好啮合状态。主轴和进给变速均可在运行中进行，变速操作时，主电动机便作低速断续冲动，变速完成后又恢复运行。主轴变速时，电动机的缓

慢转动是由行程开关SQ3和SQ5完成的，进给变速时是由行程开关SQ4和SQ6以及速度继电器KS共同完成的，见表6-2。

表6-2　主轴变速和进给变速时行程开关动作说明

位置 触点	变速孔盘拉出（变速时）	变速后变速孔盘推回	位置 触点	变速孔盘拉出（变速时）	变速后变速孔盘推回
SQ3(4—9)	—	+	SQ4(9—10)	—	+
SQ3(3—13)	+	—	SQ4(3—13)	+	—
SQ(15—14)	+	—	SQ(15—14)	+	—

注：表中"+"表示接通；"—"表示断开。

3. 电气控制线路的分析

（1）主电动机的启动控制

① 主电动机的点动控制。主电动机的点动有正向点动和反向点动，分别由按钮SB4和SB5控制。按SB4接触器KM1线圈通电吸合，KM1的辅助常开触点（3—13）闭合，使接触器KM4线圈通电吸合，三相电源经KM1的主触点，电阻R和KM4的主触点接通主电动机1M的定子绕组，接法为三角形，使电动机在低速下正向旋转。松开SB4主电动机断电停止。

反向点动与正向点动控制过程相似，由按钮SB5、接触器KM2、KM4来实现。

② 主电动机的正、反转控制。当要求主电动机正向低速旋转时，行程开关SQ7的触点（11—12）处于断开位置，主轴变速和进给变速用行程开关SQ3（4—9）、SQ4（9—10）均为闭合状态。按SB2，中间继电器KA1线圈通电吸合，它有三对常开触点，KA1常开触点（4—5）闭合自锁；KA1常开触点（10—11）闭合，接触器KM3线圈通电吸合，KM3主触点闭合，电阻R短接；KA1常开触点（17—14）闭合和KM3的辅助常开触点（4—17）闭合，使接触器KM1线圈通电吸合，并将KM1线圈自锁。KM1的辅助常开触点（3—13）闭合，接通主电动机低速用接触器KM4线圈，使其通电吸合。由于接触器KM1、KM3、KM4的主触点均闭合，故主电动机在全电压、定子绕组三角形连接下直接启动，低速运行。

当要求主电动机为高速旋转时，行程开关SQ7的触点（11—12）、SQ3

(4—9)、SQ4(9—10)均处于闭合状态。按 SB2 后,一方面 KA1、KM3、KM1、KM4 的线圈相继通电吸合,使主电动机在低速下直接启动;另一方面由于 SQ7(11—12)的闭合,使时间继电器 KT(通电延时式)线圈通电吸合,经延时后,KT 的通电延时断开的常闭触点(13—20)断开,KM4 线圈断电,主电动机的定子绕组脱离三相电源,而 KT 的通电延时闭合的常开触点(13—22)闭合,使接触器 KM5 线圈通电吸合,KM5 的主触点闭合,将主电动机的定子绕组接成双星形后,重新接到三相电源,故从低速启动转为高速旋转。

主电动机的反向低速或高速的启动旋转过程与正向启动旋转过程相似,但是反向启动旋转所用的电器为按钮 SB3、中间继电器 KA2,接触器 KM3、KM2、KM4、KM5、时间继电器 KT。

(2) 主电动机的反接制动控制

当主电动机正转时,速度继电器 KS 正转,常开触点 KS(13—18)闭合,而正转的常闭触点 KS(13—15)断开。主电动机反转时,KS 反转,常开触点 KS(13—14)闭合,为主电动机正转或反转停止时的反接制动做准备。按停止按钮 SB1 后,主电动机的电源反接,迅速制动,转速降至速度继电器的复位转速时,其常开触点断开,自动切断三相电源,主电动机停转。具体的反接制动过程如下所述:

① 主电动机正转时的反接制动。设主电动机为低速正转时,电器 KA1、KM1、KM3、KM4 的线圈通电吸合,KS 的常开触点 KS(13—18)闭合。按 SB1,SB1 的常闭触点(3—4)先断开,使 KA1、KM3 线圈断电,KA1 的常开触点(17—14)断开,又使 KM1 线圈断电,一方面使 KM1 的主触点断开,主电动机脱离三相电源,另一方面使 KM1(3—13)分断,使 KM4 断电;SB1 的常开触点(3—13)随后闭合,使 KM4 重新吸合,此时主电动机由于惯性,转速还很高,KS(13—18)仍闭合,故使 KM2 线圈通电吸合并自锁,KM2 的主触点闭合,使三相电源反接后经电阻 R、KM4 的主触点接到主电动机定子绕组,进行反接制动。当转速接近零时,KS 正转常开触点 KS(13—18)断开,KM2 线圈断电,反接制动完毕。

② 主电动机反转时的反接制动。反转时的制动过程与正转制动过程相似,但是所用的是 KM1、KM4、KS 的反转常开触点 KS(13—14)。

③ 主电动机工作在高速正转及高速反转时的反接制动过程可仿上自行分析。在此仅指明,高速正转时反接制动所用的电器是 KM2、KM4、KS(13—

18)触点;高速反转时反接制动所用的电器是KM1、KM4、KS(13—14)触点。

(3) 主轴或进给变速时主电动机的缓慢转动控制

主轴或进给变速既可以在停车时进行,又可以在镗床运行中变速。为使变速齿轮更好地啮合,可接通主电动机的缓慢转动控制电路。

当主轴变速时,将变速孔盘拉出,行程开关SQ3常开触点SQ3(4—9)断开,接触器KM3线圈断电,主电路中接入电阻R,KM3的辅助常开触点(4—17)断开,使KM1线圈断电,主电动机脱离三相电源。所以,该机床可以在运行中变速,主电动机能自动停止。旋转变速孔盘,选好所需的转速后,将孔盘推入。在此过程中,若滑移齿轮的齿和固定齿轮的齿发生顶撞时,则孔盘不能推回原位,行程开关SQ3、SQ5的常闭触点SQ3(3—13)、SQ5(15—14)闭合,接触器KM1、KM4线圈通电吸合,主电动机经电阻R在低速下正向启动,接通瞬时点动电路。主电动机转动转速达某一值时,速度继电器KS正转常闭触点KS(13—15)断开,接触器KM1线圈断电,而KS正转常开触点KS(13—18)闭合,使KM2线圈通电吸合,主电动机反接制动。当转速降到KS的复位转速后,则KS常闭触点KS(13—15)又闭合,常开触点KS(13—18)又断开,重复上述过程。这种间歇的启动、制动,使主电动机缓慢旋转,以利于齿轮的啮合。若孔盘退回原位,则SQ3、SQ5的常闭触点SQ3(3—13)、SQ5(15—14)断开,切断缓慢转动电路。SQ3的常开触点SQ3(4—9)闭合,使KM3线圈通电吸合,其常开触点(4—17)闭合,又使KM1线圈通电吸合,主电动机在新的转速下重新启动。

进给变速时的缓慢转动控制过程与主轴变速相同,不同的是使用的电器是行程开关SQ4、SQ6。

(4) 主轴箱、工作台或主轴的快速移动

该机床各部件的快速移动,是由快速手柄操纵快速移动电动机2M拖动完成的。当快速手柄扳向正向快速位置时,行程开关SQ9被压动,接触器KM6线圈通电吸合,快速移动电动机2M正转。同理,当快速手柄扳向反向快速位置时,行程开关SQ8被压动,KM7线圈通电吸合,2M反转。

(5) 主轴进刀与工作台联锁

为防止镗床或刀具的损坏,主轴箱和工作台的机动进给,在控制电路中必须互联锁,不能同时接通,它由行程开关SQ1、SQ2实现。若同时有两种进给时，SQ1、SQ2 均被压动，切断控制电路的电源，避免机床或刀具的损坏。

四、项目实施

（一）T68 卧式镗床电气模拟装置的试运行操作

1. 准备工作

（1）查看装置背面各电器元件上的接线是否紧固，各熔断器是否安装良好。

（2）独立安装好接地线，设备下方垫好绝缘垫，将各开关置分断位。

（3）插上三相电源

2. 操作试运行

T68 卧式镗床模拟操作盘如图 6－2 所示。

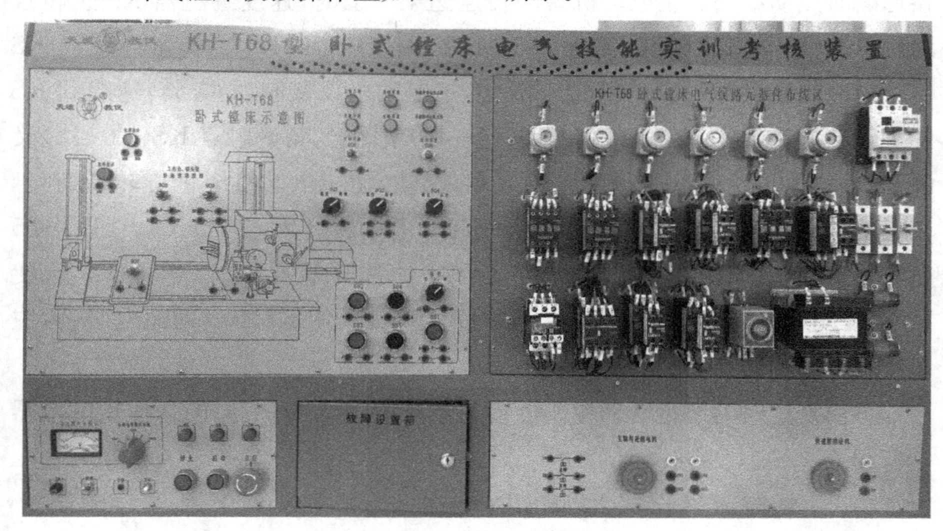

图 6－2　T68 卧式镗床模拟操作盘

（1）使装置中漏电保护部分接触器先吸合，使 SQ3 和 SQ4 处于“压合”位置[即 SQ3(4—9)和 SQ4(9—10)触点闭合]，再合上 QS1，电源指示灯亮。

（2）试操作“主轴变速冲动”、“进给变速冲动”。

主轴变速：SQ3 拨到“原位”[即 SQ3(4—9)触点断开]，按下 SQ5，KM2 和 KM1 线圈交替吸合。

进给变速：SQ4 拨到“原位”[即 SQ4(9—10)触点断开]，按下 SQ6，KM2

和KM1线圈交替吸合。

（3）主轴电机低速正向运转：

条件：SQ7（11—12）断即拨到“低速”位置（实际中SQ7与速度选择手柄联动），SQ3和SQ4拨到“压合”位置。

操作：按SB2→KA1吸合并自锁，KM3、KM1、KM4吸合，主轴电机1M“△”接法低速运行。按SB1，主轴电机制动停转。

回路：按SB2：1—2—3—4—5—6—KA1线圈—104

KM3线圈：4—9—10—11—KM3线圈—104

KM1线圈：4—17—14—16—KM1线圈—104

KM4线圈：3—13—20—21—KM4线圈—104

（4）主轴电机高速正向运行：

条件：SQ7（11—12）通即拨到“高速”位置（实际中SQ7与速度选择手柄联动），SQ3和SQ4拨到“压合”位置。

操作：按SB2→KA1吸合并自锁，KM3、KT、KM1、KM4相继吸合，使主轴电机1M接成“△”低速运行；延时后，KT（13—20）断，KM4释放，同时KT（13—22）闭合，KM5通电吸合，使1M换接成YY高速运行。按SB1→主轴电机制动停转。

回路：按SB2：1—2—3—4—5—6—KA1线圈—104

KM3线圈：4—9—10—11—KM3线圈—104

KT线圈：4—9—10—11—12—KT线圈—104

KM1线圈：4—17—14—16—KM1线圈—104

KM4线圈：3—13—20—21—KM4线圈—104

KM5线圈：3—13—22—23—KM5线圈—104

主轴电机的反向低速、高速操作可按SB3，参与的电器有KA2、KT、KM3、KM2、KM4、KM5，可参照上面（3）、（4）步骤进行操作。

① 主轴电机低速反向运行：

回路：按SB3：1—2—3—4—7—8—KA2线圈—104

KM3线圈：4—9—10—11—KM3线圈—104

KM2线圈：4—17—18—19—KM2线圈—104

KM4线圈：3—13—20—21—KM4线圈—104

② 主轴电机高速反向运行：

回路：按 SB3：1—2—3—4—7—8—KA2 线圈—104

KM3 线圈：4—9—10—11—KM3 线圈—104

KT 线圈：4—9—10—11—12—KT 线圈—104

KM2 线圈：4—17—18—19—KM2 线圈—104

KM4 线圈：3—13—20—21—KM4 线圈—104

KM5 线圈：3—13—22—23—KM5 线圈—104

(5) 主轴电机正反向点动操作：

按 SB4 可实现电机的正向点动，参与的电器有 KM1、KM4：按 SB5 可实现电机的反向点动，参与的电气元件有 KM2、KM4。

正向电流回路：按 SB4：1—2—3—4—14—16—KM1 线圈—104

KM4 线圈：3—13—20—21—KM4 线圈—104

正向电流反向：按 SB5：1—2—3—4—18—19—KM2 线圈—104

KM4 线圈：3—13—20—21—KM4 线圈—104

(6) 主轴电机反接制动操作：

当按 SB2，主轴电机 1M 正向低速运行，此时：KS(13—18)闭合，KS(13—15)断。在按下 SB1 按钮后，KA1、KM3 释放，KM1 释放，KM4 释放，SB1 按到底后，KM4 又吸合，KM2 吸合，主轴电机 1M 在串入电阻下反接制动，转速下降至 KS(13—18)断，KS(13—15)闭合时，KM2 失电释放，制动结束。

当按 SB2，主轴电机 1M 高速正向运行，此时：KA1、KM3、KT、KM1、KM5 为吸合状态，速度继电器 KS(13—18)闭合，KS(13—15)断。

在按下 SB1 按钮后，KA1、KM3、KT、KM1 释放，而 KM2 吸合，同时 KM5 释放，KM4 吸合，电机工作于“△”状态下，并串入电阻，反接制动直至停止。

在按 SB3，电机工作于低速反转或高速反转时的制动操作分析，可参照上述分析对照进行。

(7) 主轴箱、工作台或主轴的快速移动操作：

其均由快进电机 2M 拖动，电机只工作于正转或反转，由行程开关 SQ9、SQ8 完成电气控制。

注：实际机床中，SQ9、SQ8 均由“快速移动机械手柄”连动，电机只工作于正转或反转，拖动均由机械离合器完成。

按下SQ9，快速电机2M正转电流回路：1—2—24—25—26—KM6线圈—104

按下SQ8，快速电机2M反转电流回路：1—2—27—28—29—KM7线圈—104

(8) SQ1、SQ2为互锁开关，主轴运行时，同时压动，电机即停转；压动其中任一个，电机不会停转。

（二）故障设置一览表及故障分析

故障开关	故障现象	故障范围	备　注
K1	机床不能启动	1、104	主轴电动机、快速移动电动机都无法启动
K2	主轴正转不能启动	5、6	按下正转启动按钮无任何反应
K3	主轴正转不能启动	5、6	按下正转启动按钮无任何反应
K4	机床不能启动	1、104	主轴电动机、快速移动电动机都无法启动
K5	主轴反转不能启动	7、8	按下反转启动按钮无任何反应
K6	主轴反转不能启动	7、8	按下反转启动按钮无任何反应
K7	主轴正转不能启动	4、9、10、11	正转启动，KA1吸合，其他无动作；反转启动，KA2吸合，其他无动作
K8	反转不能启动	10	正转启动正常，按下SB3反转启动时只能点动
K9	主轴不能启动	9、10、11	正转启动，KA1吸合，其他无动作；反转启动，KA2吸合，其他无动作；正反转点动正常
K10	主轴无高速	11	选择高速时，KT、KM5无动作
K11	主轴、快速移动电动机不能启动	4、104	正转启动，KA1、KM3吸合，其他无动作；反转启动，KA2、KM3吸合，其他无动作；按下SQ8、SQ9无任何反应
K12	停止无制动	13	正、反转不能制动，对应反接制动交流接触器不能吸合

（续表）

故障开关	故障现象	故障范围	备　注
K13	主轴、进给不能冲动	15	按压 SQ5、SQ6 不能冲动
K14	主轴电机不能正转	14、16	反转正常
K15	主轴只能点动控制	4、17	正、反不能启动，只能电动控制
K16	主轴电机不能反转	18、19	正转正常
K17	主轴、快速电机不能启动	104	KM4、KM5 不能吸合；按 SQ8、SQ9 无反应
K18	主轴正转只能点动	13	KM4(低速)、KM5(高速)不能保持
K19	主轴无高速	13、20	KT 动作，KM4 不会释放，KM5 不能吸合
K20	主轴反转只能点动	13	KM4(低速)、KM5(高速)不能保持
K21	主轴无高速	22、23	KT 动作，KM4 释放，KM5 不能吸合
K22	不能快速移动	104	主轴正常
K23	快速电机不能正转	24、25、26	按 SQ9，KM6 不能吸合，快速电机不能正转
K24	快速电机不能反转	27、28、29	按 SQ8，KM7 不能吸合，快速电机不能反转
K25	快速电机不转	2 V、2 W	KM6、KM7 能吸合，但电机不转

五、项目总结

项目	评价内容	评价等级(学生自评)		
		A	B	C
关键能力考核项目	遵守纪律、遵守学习场所管理规定，服从安排			
	安全意识、责任意识，5S 管理意识，注重节约、节能与环保			
	学习态度积极主动，能参加实习安排的活动			
	团队合作意识，注重沟通，能自主学习及相互协作			
	仪容仪表符合活动要求			

（续表）

项目	评价内容	评价等级（学生自评）		
		A	B	C
专业能力考核项目	按时按要求独立完成工作页			
	工具、设备选择得当，使用符合技术要求			
	操作规范，符合要求			
	学习准备充分、齐全			
	注重工作效率与工作质量			
小组评语及建议		组长签名： 年　月　日		
老师评语及建议		教师签名： 年　月　日		

项目七　20/5 t 桥式起重机电气控制线路

一、项目目标

- 能读懂 20/5 t 桥式起重机电气控制线路电路图
- 能说出 20/5 t 桥式起重机控制线路工作原理
- 能排除 20/5 t 桥式起重机电气控制线路的线路故障

二、项目描述

使用给定的 20/5 t 桥式起重机模拟操作盘，按电路原理图分析电路，认识电路各组成部分，掌握电路工作原理，会试运行操作 20/5 t 桥式起重机模拟操作盘，会利用万用表排除电路故障。

三、项目准备

（一）20/5 t 桥式起重机电气控制线路工作原理

1. 桥式起重机的结构和运动形式

桥式起重机是一种用来吊起或放下重物并使重物在短距离内水平移动的超重设备，俗称吊车、行车或天车。

桥式起重机的结构示意图如图 7－1 所示，主要由大车、小车、主钩和副钩组成。

大车的轨道敷设在车间两侧的立柱上，大车可在轨道上沿车间纵向移

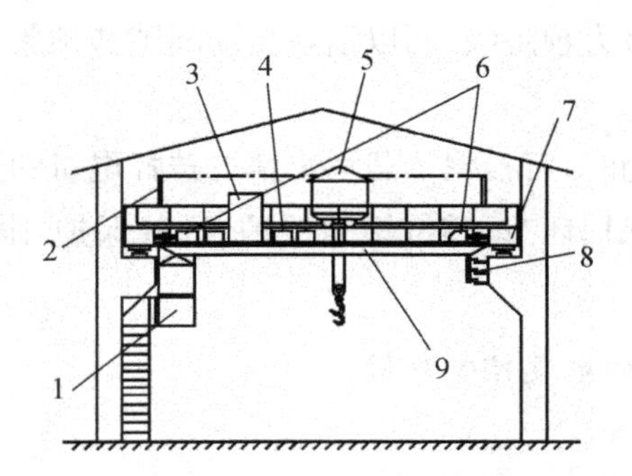

1-驾驶舱　2-辅助滑线架　3-交流磁力控制屏　4-电阻箱
5-起重小车　6-大车拖动电动机　7-端梁　8-主滑线　9-主梁

图 7-1　桥式起重机结构示意图

动;大车上装有小车轨道,供小车横向移动;主钩和副钩都装在小车上,主钩用来提升重物,副钩除可提升轻物外,还可以协同主钩完成工件的吊运,但不允许主、副钩同时提升两个物件。当主、副钩同时工作时,物件的重量不允许超过主钩的额定起重量。这样,桥式起重机可以在大车能够行走的整个车间范围内进行起重运输。

20/5 t桥式起重机采用三相交流电源供电,由于起重机工作时经常移动,因此需采用可移动的电源供电。小型超重机常采用软电缆供电,软电缆可随大、小车的移动而伸展和叠卷。大型起重机一般采用滑触线和集电刷供电。三根主滑触线沿着平行于大车轨道的方向敷设在车间厂房的一侧。三相交流电源经由主滑触线和集电刷引入起重机驾驶室内的保护控制柜上,再从保护控制柜上引出两相电源至凸轮控制器,另一相称为电源公用相,直接从保护控制柜接到电动机的定子接线端。

2. 桥式起重机对电力拖动的要求

(1) 由于桥式起重机经常在重载下进行频繁启动、制动、反转、变速等操作,要求电动机有较高的机械强度和较大的过载能力,同时还要求电动机的启动转矩大,启动电流小,因此使用绕线转子异步电动机。

(2) 要有合理的升降速度,轻载或空载时速度要快,以提高效率,重载时速度要慢。

(3) 要有适当的低速区,在30%额定转速内应分几挡,以便提升或下降到预定位置附近时灵活操作。

(4) 提升第一级为预备级,用以消除传动间隙和预紧钢丝绳,以避免过大的机械冲击。

(5) 当下放货物时,可根据负载大小情况选择电机的运行状态。

(6) 有完备的保护环节,零位短路保护,过载保护,限位保护和可靠的制动方式。

3. 桥式起重机的电气控制分析

(1) 安全保护

安全保护电路如图 7-2 所示。

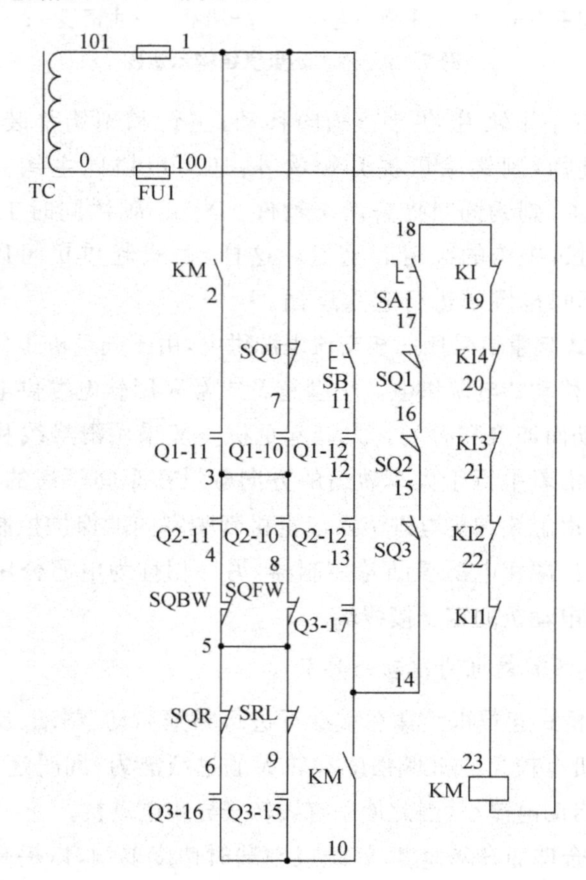

图 7-2 安全保护电路

桥式起重机除了使用熔断器作为短路保护,使用过电流继电器作过载、过流保护之外,还有各种用来保障维修人员安全的安全保护,如驾驶室门上的舱门安全开关 SQ1，横梁两侧栏杆门上的安全开关 SQ2、SQ3，并设有一个紧急情况开关 SA1。如图 7－2 所示，SQ1、SQ2、SQ3 和 SA1 常开触头串在接触器 KM 线圈电路中，只要有一个门没关好，对应的开关触头不会闭合，KM 就无法吸合；或紧急开关 SA1 没合上，KM 也无法吸合，起到安全保护的作用。

（2）主控接触器 KM 的控制

在起重机启动之前，应将所有凸轮控制器手柄置于“0”位，其各自串在接触器 KM 线圈通路中的触头闭合（如图 7－3 所示各开关的状态表），将舱门、横梁栏杆门关好，使安全开关 SQ1，SQ2，SQ3 触头闭合，同时紧急开关 SA1 也要合上，为启动做好准备。

Q1(副钩控制)、Q2(小车控制)

Q1 Q2	向后、向下					零位	向前、向上				
	5	4	3	2	1	0	1	2	3	4	5
1							+	+	+	+	+
2	+	+	+	+	+						
3							+	+	+	+	+
4	+	+	+	+	+						
5	+	+	+	+				+	+	+	+
6	+	+	+						+	+	+
7	+	+								+	+
8	+										+
9	+										+
10						+	+	+	+	+	+
11	+	+	+	+	+	+					
12						+					

Q3(大车控制)

Q3	向右					零位	向左				
	5	4	3	2	1	0	1	2	3	4	5
1							+	+	+	+	+
2	+	+	+	+	+						
3							+	+	+	+	+
4	+	+	+	+	+						
5	+	+	+	+				+	+	+	+
6	+	+	+						+	+	+
7	+	+								+	+
8	+										+
9	+										+
10	+	+	+	+				+	+	+	+
11	+	+	+						+	+	+
12	+	+								+	+
13	+										+
14	+										+
15						+	+	+	+	+	+
16	+	+	+	+	+	+					
17						+					

SA(主钩控制)

SA		下降						零位	上升				
			强力		制动				加速→				
		5	4	3	2	1	C	0	1	2	3	4	5
1	KV							+					
2		+	+	+									
3					+	+	+		+	+	+	+	+
4	KM_B	+	+	+	+	+			+	+	+	+	+
5	KM_D	+	+	+									
6	KM_U				+	+	+		+	+	+	+	+
7	KM1	+	+	+		+	+		+	+	+	+	+
8	KM2	+	+	+			+			+	+	+	+
9	KM3	+	+								+	+	+
10	KM4	+										+	+
11	KM5	+											+

图 7－3　KH－20/5 t 桥式起重机凸轮控制器、主令控制器触头状态表

合上电源开关 QS1，按下启动按钮 SB，接触器 KM 吸合。通过开关图可以看出此时触头 Q1—10、Q1—11、Q2—10、Q2—11、Q3—15、Q3—16 均是闭合的，接触器 KM 可以通过其两副触头 KM(1—2)、KM(10—14)进行自锁。

（3）凸轮控制器的控制

起重机的大车、小车和副钩电机容量都比较小，一般采用凸轮控制器控制。

由于大车两头分别由两台电动机 M3、M4 拖动，所以 Q3 比 Q1、Q2 多 5 对常开触头，以供切除电动机 M4 转子电阻用，大车、小车和副钩控制原理基本相同，下面以副钩为例说明。

凸轮控制器 Q1 共有 12 对触头 11 个位置，中间零位，左、右两边各 5 位，4 对触头用在主电路中，用来控制电机反转，以实现控制副钩的上升和下降;5 对触头用在转子电路中,以及用来逐级切除转子电阻,改变电机转速,以实现副钩上升,下降的调速;3 对用在控制回路中作联锁触头,其中,Q1—10 控制副钩上升,串 SQU 为上升限位开关,Q1—11 控制副钩下降,Q1—12 零位控制。

在 KM 吸合后,总电源接通,转动凸轮控制器 Q1 的手轮到提升的"1"位置,Q1 的触头 Q1—1、Q1—3 闭合,电磁制动器 YA1 得电吸合,闸瓦松闸(电磁抱闸松开),电动机正转,由于此时 Q1 的五对常开触头(Q1—5、Q1—6、Q1—7、Q1—8、Q1—9)均是断开,M1 转子串入全部的外接电阻启动 M1,以最低的转速带副钩上升,转动 Q1 的手轮,依次到提升的 2、3、4、5 挡,Q1—5、Q1—6、Q1—7、Q1—8、Q1—9 依次闭合,依次短接电阻,电动机 M1 的转速逐级升高。

断电或将 Q1 手轮转动"0"位时,电机 M1 断电,同时 YA1 也断电抱闸。

(4) 主令控制器的控制

主令控制器 SA 的状态图如图 7-3 所示。

由于主钩电机容量比较大,一般采用主令控制器配合磁力控制屏进行控制,即主令控制器控制接触器(如图 7-4),再由接触器控制电机。

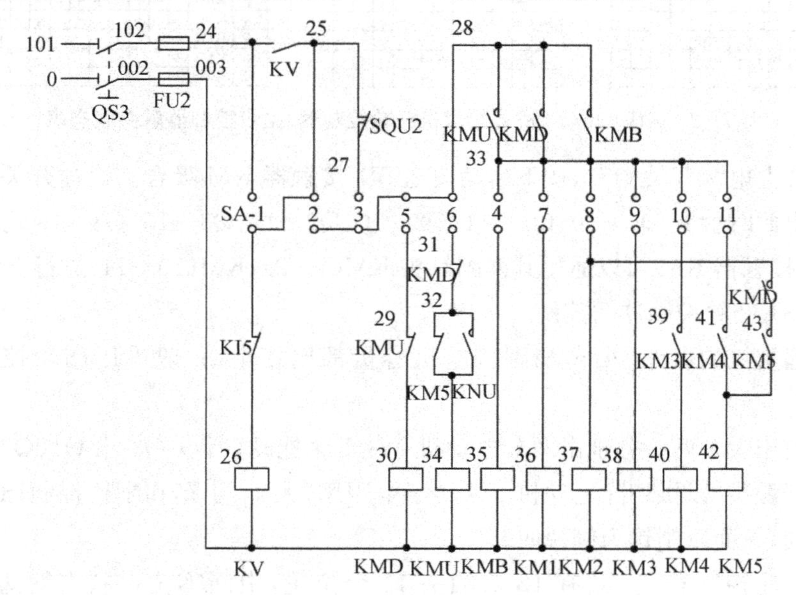

图 7-4　主令控制器控制接触器

主钩上升与凸轮控制器的工作过程基本相似，区别只在于它是通过接触器来控制。

合上 QS1、QS2、QS3，接通主电路和控制电路电源，将主令控制器 SA 手轮转到“0”位，其触头 SA—1 闭合，继电器 KV 吸合并通过其触头 KV(24—25)自锁，为主钩电动机 M5 的启动做好准备。

当主令控制器 SA 操作手轮转到上升位置的第一挡时，其触头 SA—3、SA—4、SA—6、SA—7 闭合，KMU(控制上升)、KMB(控制抱闸)、KM1 得电吸合，制动电磁抱闸铁松闸，电动机正转。由于 KM1 触点只短接一段电阻，电磁转矩较小，一般不起吊重物，只作预拉紧钢丝绳和消除齿轮间隙，当手轮依次转到上升的 2、3、4、5 的时候，控制器触头 SA—8—SA—11 相继闭合，依次使 KM2、KM3、KM4、KM5 通电吸合，对应的转子电路逐渐短接各段电阻，提升速度逐渐增加。

主令控制器在提升位置时，触点 SA—3 始终闭合，限位开关 SQU2 串入控制回路起到上升限位保护作用。

将主令控制器 SA 的手轮转到下降位置的“C”挡，其触头 SA—3，SA—6、SA—7、SA—8 闭合，位置开关 SQU2 串入电路上限位保护，KV、KMU、KM1、KM2 得电吸合，电动机定子正向通电，产生一个提升力矩，但此时 KMB 未接通，制动器在抱闸，电动机不能转动，用以消除齿轮的间隙，防止下降时过大的机械冲击。

下降第 1、2 位用于重物低速下降，当操作手轮在下降第 1、2 位时，SA—4 闭合，KMB、YA5 通电，制动器松闸，SA—8、SA—7 相继断开，KM1、KM2 相继释放，电动机转子电阻逐渐加入，使电动机产生的制动力矩减小，使电动机工作在两种不同转速的倒拉反接制动状态。

下降第 3、4、5 位为强力下降，当操作手轮在下降第 3、4、5 位置时，KMD(控制下降)和 KMB(控制抱闸)吸合，电动机定子反向通电，同时制动器松闸，电动机产生的电磁转矩与吊钩负载力矩方向一致，强迫推动吊钩下降，适用于空钩或轻物下降，从第 3 到第 5 位，转子电阻相继切除，可获得三种强力下降速度。

四、项目实施

（一）20/5 t 桥式起重机电气模拟装置的安装与操作

1. 准备工作

(1) 查看各电器元件上的接线是否紧固，各熔断器是否安装良好。

(2) 独立安装好接地线，设备下方垫好绝缘垫，将各开关置分断位置。

(3) 插上三相电源。

2. 操作试运行

KH－20/5 t 桥式起重机模拟操作盘如图 7－5 所示。

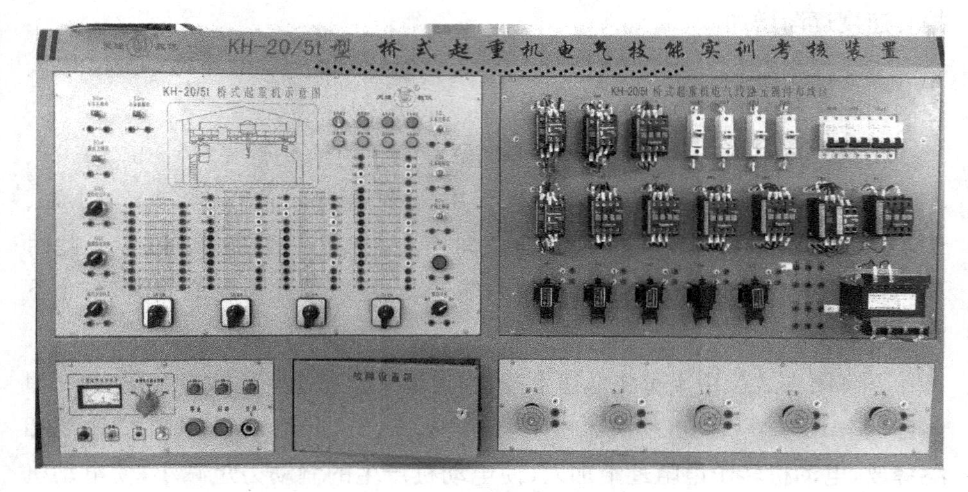

图 7－5　KH－20/5 t 桥式起重机模拟操作盘

(1) 将装置左侧的总电源开关合上，按下主控电源板上的启动按钮。

(2) 合上电源总开关 QS1，将两个“横梁安全开关”SQ2、SQ3，“舱门安全开关 SQ1”置于“关”位置，将紧急开关 SA1（SA1 只是用来模拟桥式起重机上的紧急开关的功能，而不作为本装置紧急保护之用）置于“闭合”位置，将 Q1、Q2、Q3、SA 置“0”位，为启动做好准备。

按下启动按钮 SB，KM 吸合接通电源。

按 SB，启动电流回路：1 号线→SB→11→Q1—12→12→Q2—12→13→

Q3—17→14→SQ3→15→SQ2→16→SQ1→17→SA1→18→KI→19→KI4→20→KI3→21→KI2→22→KI1→23→KM 线圈→001 号线

KM 得电自锁(释放 SB)电流回路:

1号线—┬→KM→2→Q1−11─┐
　　　　└→SQU1→7→Q1−10─┘→3─┬→Q2→−114→SQBW─┐
　　　　　　　　　　　　　　　　└→Q2→−108→SQFW─┘→5─

─┬→SQR→6→Q3−16─┐
　└→SQL→9→Q3−15─┘→10→KM→14→SQ3→15…→KM线圈→001

说明:SQU1 为副钩上限位,SQBW 为小车后限位,SQFW 为小车前限位,SQR 为大车右限位,SQL 为大车左限位。

(3) 副钩的控制

将副钩控制开关 Q1 顺时针转到 1 位,电磁铁 YA1 吸合(模拟电磁制动器吸合松闸),“副钩提升”指示灯亮,副钩电动机低速运转,依次转到 2、3、4、5 位,电动机转速逐级升高,将 Q1 扳回“0”位,副钩电动机停转,“副钩提升”指示灯灭。

将副钩控制开关 Q1 逆时针转到“1”位,“副钩”电动机以较低的速度反向转动,YA1 吸合,同时“副钩下降”指示灯亮。

依次转到 2、3、4、5 位,副钩电动机转速逐渐增高,将 Q1 转回“0”位,副钩电动机停止,YA 释放(模拟电磁制动器断电抱闸),副钩下降指示灯灭。

(4) 小车的控制

将小车控制开关 Q2 顺时针转到 1 位,电磁铁 YA2 吸合(模拟电磁制动器吸合松闸),“小车向前”指示灯亮,小车电动机低速运转,依次转到 2、3、4、5 位,电动机转速逐级升高,将 Q2 扳回“0”位,小车电机停转,“小车向前”指示灯灭。

将小车控制开关 Q2 逆时针转到“1”位,小车电动机以较低的速度反向转动,YA2 吸合,同时“小车向后”指示灯亮。

依次转到 2、3、4、5 位,小车电动机转速逐渐增高,将 Q2 转回“0”位,小车电动机停止,YA2 释放(模拟电磁制动器断电抱闸),“小车向后”指示灯灭。

(5) 大车的控制

将大车控制开关 Q3 顺时针转到 1 位,电磁铁 YA3 吸合(模拟电磁制动器吸合松闸)，“大车向左”指示灯亮，大车电动机 M3、M4 低速运转，依次转到 2、3、4、5 位，电动机转速逐级升高，将 Q3 扳回“0”位，大车电机停转，“大车向左”指示灯灭。

将大车控制开关 Q3 逆时针转到“1”位，大车电动机 M3、M4 以较低的速度反向转动，YA3、YA4 吸合，同时“大车向右”指示灯亮。

依次转到 2、3、4、5 位，大车电动机转速逐渐增高，将 Q2 转回“0”位，大车电动机停止，YA3、YA4 释放(模拟电磁制动器断电抱闸)，“大车向右”指示灯灭。

(6) 主钩的控制

将主钩的控制开关 SA 向右转到上升挡的第“1”位置，KMU、KMB、KM1 吸合，“主钩提升”指示灯亮(表示 SA 处在上升挡位)，同时主钩电动机 M5 正转，电磁铁 YA5 吸合，将 SA 依次转到 2、3、4、5 位，KM2—KM5 相继吸合，主钩电动机 M5 转速逐渐提高。

将 SA 转回“0”位，KM5、KM1、KMU、KMB 相继断开，电动机 M5 停止，YA5 释放，指示灯灭。

0位电流回路：24—(→SA-1 / →KV)→25→KI5→26→KV线圈→003

主钩上升“1”位电流回路：24→KV→25-

→KI5→26→KV线圈→003

→SQU2→27→SA-3→28-

→SA-6→31→KMD→32-(→KM5 / →KMU)→33→KMU线圈→003

→(KMU / KMB) 34→(→SA-4→35→KMB线圈 / →SA-7→36→KM1线圈)→003

上升“2、3、4、5”对应 KM2、KM3、KM4、KM5 接入，其他一样。

若在电动机运行在上升过程中按下主钩上升限位开关 SQU2，则所有主钩的控制接触器和电磁铁均断电释放。

将主钩的控制开关 SA 向左转到下降挡的“C”位置，KMU、KM1、KM2 吸合，电动机 M5 以一个较低的转速正转(在实际起重机中有制动器对电动机抱闸，电动机不能转动，用以消除齿轮的间隙，防止下降时过大的机械冲击；在此 YA5 只作为制动器动作的模拟，它不能对电机进行制动，所以此时仍会转动)，"主钩下降"指示灯亮(表示 SA 被置在下降挡位)。

主钩下降 C 位电流回路与上升 2 位相似，只是控制电磁抱闸 KMB 没得电，注意对应相关回路不接通，其他相同。

将 SA 转到下降挡的第 1、2 位时，SA—4 闭合，KMB、YA5 通电吸合(表示制动器松闸)，SA—8、SA—7 相继断开，KM1、KM2 相继释放，电动机转子电阻逐渐加入，电动机产生的力矩逐渐减小，使电动机工作在两种不同转速状态。

主钩下降"2"位电流回路：与上升"1"位相似，只是 KM1 线圈没接入。

主钩下降"1"位电流回路：与上升"1"位相同。

下降第 3、4、5 位为强力下降。将 SA1 分别转到下降挡的第 3、4、5 位置时，KMD 和 KMB 吸合，电动机定子反向通电，电动机 M5 反转，同时 YA5 吸合，从第 3 到第 5 位，转子电阻相继切除，可获得三种强力下降速度。主钩下降"C"位电流回路与上升"2"位相似，只是控制电磁抱闸 KMB 没停电，注意对应相关回路不接通，其他相同。主钩下降"1"位电流回路与上升"1"相同，主钩下降"2"位电流回路与上升"1"相似，只是 KM1 线圈没得电。上升"2、3、4、5"对应 KM2、KM3、KM4、KM5 接入，其他一样。

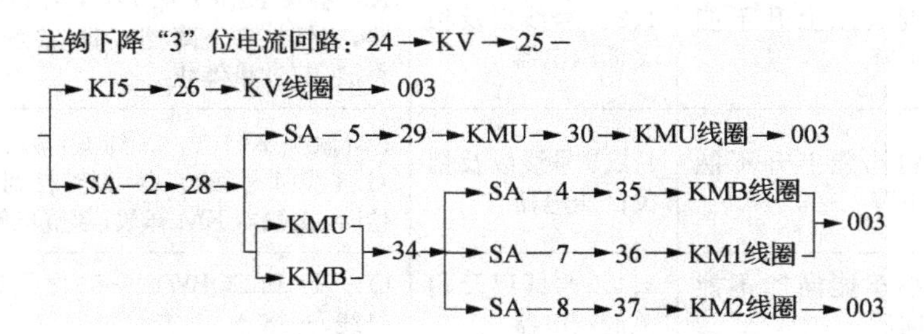

主钩下降"4、5"位，电流回路与"3"相似，只是依次加入 KM3、KM4、KM5 线圈支路。

桥式起重机在实际运行过程中，操作人员要根据具体情况选择不同的挡位。例如主令控制器 SA 的手柄在强力下降位置"5"挡时，仅适用于起重负载较小的场合。如果需要较低的下降速度或起重较大负载的情况下，就需要将 SA 的手柄扳回到制动下降位置"1"或"2"挡进行反接制动下降。为了避免转换过程中可能产生过高的下降速度，在接触器 KM5 电路中常用辅助常开触头 KM5(16 区)自锁；同时为了不影响提升调速，在该支路中再串联一个辅助常开触头 KMD(16 区),以保证 SA 的手柄由强力下降位置向制动下降位置转换时,接触器 KM5 线圈始终通电,只有将手柄扳至制动下降位置后,KM5 的线圈才断电。如果没有以上联锁措施,在手柄由强力下降位置向制动下降位置转换时,若操作人员不小心,误将手柄停在了"3"或"4"挡,那么正在高速下降的负载速度不但得不到控制,反而会增加,很可能造成事故。

另外,串接在接触器 KMU 线圈电路中的 KMU 常开触头(9 区)与 KM5 常闭触头(9 区)并联,主要作用是当接触器 KMD 线圈断电释放后,只有在 KM5 断电释放的情况下,接触器 KMU 才能得电自锁,从而保证了只有在转子电路中串接一定附加电阻的前提下,才能进行反接制动,以防止反接制动时产生过大的冲击电流。

(二)故障设置一览表及故障分析

故障开关	故障现象	故障范围	备　注
K1	起重机无法启动	启动回路	1 号线开路,按下启动按钮 SB,KM 不能吸合,但主钩可以工作
K2	副钩能上升不能下降	1、2、3 号线以及相关低压电器	KM 触头 KM(1—2)到 1 号线连线开路,副钩打到下降挡位时,接触器 KM 释放,起重机停止
K3	副钩能上升不能下降	1、2、3 号线以及相关低压电器	KM 触头 KM(1—2)到 Q1 触头 Q1—11 连线(1 号线)开路,副钩打到下降挡位时,接触器 KM 释放,起重机停止
K4	小车能向前不能向后	3、4、5 号线以及相关低压电器	Q2—11 和 SQBW(4—5)之间连线(4 号线)开路
K5	大车能向左不能向右	5、6、10 号线以及相关低压电器	SQR(5—6)和 Q3—16 之间连线(6 号线)开路
K6	副钩能下降不能提升	1、7、3 号线以及相关低压电器	SQU1 到 1 号线连线开路
K7	副钩能下降不能提升	1、7、3 号线以及相关低压电器	Q1—11 和 SQU1 之间连线开路
K8	大车能向右不能向左	5、9、10 号线以及相关低压电器	SQL 到 5 号线连线开路

（续表）

故障开关	故障现象	故障范围	备　注
K9	起重机无法启动	启动回路	SB到1号线连线开路，按下SB按钮不能启动电源
K10	起重机无法启动	启动回路	Q3—11到1号线连线开路，按下SB按钮不能启动电源
K11	起重机启动时点动	10、14号线以及相关低压电器	KM(10—14)到14号线连线开路，按下SB，KM吸合，松开SB后，KM断开
K12	起重机无法启动	启动回路	SQ3到14号线连线开路，按下SB按钮不能启动电源
K13	起重机无法启动	启动回路	SA1和KI之间连线（18号线）开路
K14	起重机无法启动	启动回路	KM线圈到23号线连线开路，按下SB按钮不能启动电源
K15	主钩不能启动KV不吸合	24、25、26、003号线以及相关低压电器	FU2(102—24)到24号线连线开路
K16	主钩不能启动KV不吸合	24、25、26、003号线以及相关低压电器	SA—1到24号线连线开路
K17	主钩不能启动KV不吸合	24、25、26、003号线以及相关低压电器	KI5触头KI5（25—26）到25号线开路，
K18	能上升，下降C、1、2可运行，不能强力下降	25号线以及相关低压电器	SA—2到25号线连线开路，当SA打到强力下降挡时KV断电
K19	主钩电动机不能正转，主钩不能上升	25、27号线以及相关低压电器	SQU2到25号线连线开路，主钩不能上升、不能制动下降
K20	不能强力下降KMD不能吸合	29、30、003号线以及相关低压电器	SA—5到KMU常开触点KMU(29—30)之间的连线开路

（续表）

故障开关	故障现象	故障范围	备　注
K21	制动器（用 YA5 模拟）不能松开、电阻不能被短接 KMD\KMU 都能吸合，KMB 不能吸合，不能切电阻加速	28 号线以及相关低压电器	在操作主钩时，KM1—KM5、KMB 及 YA5 都不会吸合
K22	主钩电动机不能正转，KMU 不能吸合，KMD 能吸合	31、32、33 号线以及相关低压电器	KMU 线圈到 33 号线连线开路，主钩不能上升、不能制动下降
K23	上升和制动下降时制动器（用 YA5 模拟）不能松开、电阻不能被短接，KMU 能吸合，但 KM1—KM5、KMB 不能吸合	28、34 号线以及相关低压电器	触头 KMU(28—33)到 28 号线连线开路，上升和制动下降挡 KMU 能吸合，其他(KM1—KM5、KMB)无动作
K24	电磁制动器不能松闸 KMB 不能吸合	34、35、003 号线以及相关低压电器	KMB 线圈到 35 号线连线开路，KMB 不能吸合、电磁制动器(YA5)也不吸合
K25	主钩调速不正常 KM1 不能吸合	34、36、003 号线以及相关低压电器	KM1 线圈到 36 号线连线开路，KM1 总是不能吸合
K26	主钩调速不正常 KM2 不能吸合	34、37、003 号线以及相关低压电器	KM2 线圈到 37 号线连线开路，KM2 总是不能吸合
K27	主钩调速不正常 KM3、KM4、KM5 不能吸合	34、38、003 号线以及相关低压电器	KM3 线圈到 38 号线连线开路，在主钩上升第三挡时，KM3 不能吸合；在强力下降挡，由于 KM3 不能吸合，使 KM4、KM5 也不能吸合
K28	主钩调速不正常 KM4、KM5 不能吸合	34、39、40、003 号线以及相关低压电器	KM4 线圈到 40 号线连线开路，在上升第四挡，KM4 不能吸合；在强力下降挡，由于 KM4 不能吸合，使 KM5 也不能吸合
K29	主钩调速不正常 KM5 不能吸合	34、41、42、003 号线以及相关低压电器	KM5 线圈到 42 号线连线开路，在上升第五挡，KM5 不能吸合；在强力下升挡 KM5 也不能吸合

（续表）

故障开关	故障现象	故障范围	备　注
K30	当操作手柄从强力下降5挡往回扳时，使KM5不能自锁（3、4挡时要自锁）	42、43、37号线以及相关低压电器	KM5触头KM5（42—43）到42号线连线开路，使KM5不能自锁
K31	大车不能移动（不工作）	U12、U18、V12、V18以及相关低压电器	Q3到U12、V12连线开路，正常操作Q3，电动机M3、M4不能转动

五、项目总结

项目	评价内容	评价等级（学生自评）		
		A	B	C
关键能力考核项目	遵守纪律、遵守学习场所管理规定，服从安排			
	安全意识、责任意识，5S管理意识，注重节约、节能与环保			
	学习态度积极主动，能参加实习安排的活动			
	团队合作意识，注重沟通，能自主学习及相互协作			
	仪容仪表符合活动要求			
专业能力考核项目	按时按要求独立完成工作页			
	工具、设备选择得当，使用符合技术要求			
	操作规范，符合要求			
	学习准备充分、齐全			
	注重工作效率与工作质量			
小组评语及建议		组长签名： 年　月　日		
老师评语及建议		教师签名： 年　月　日		

附　录

原理图及故障图

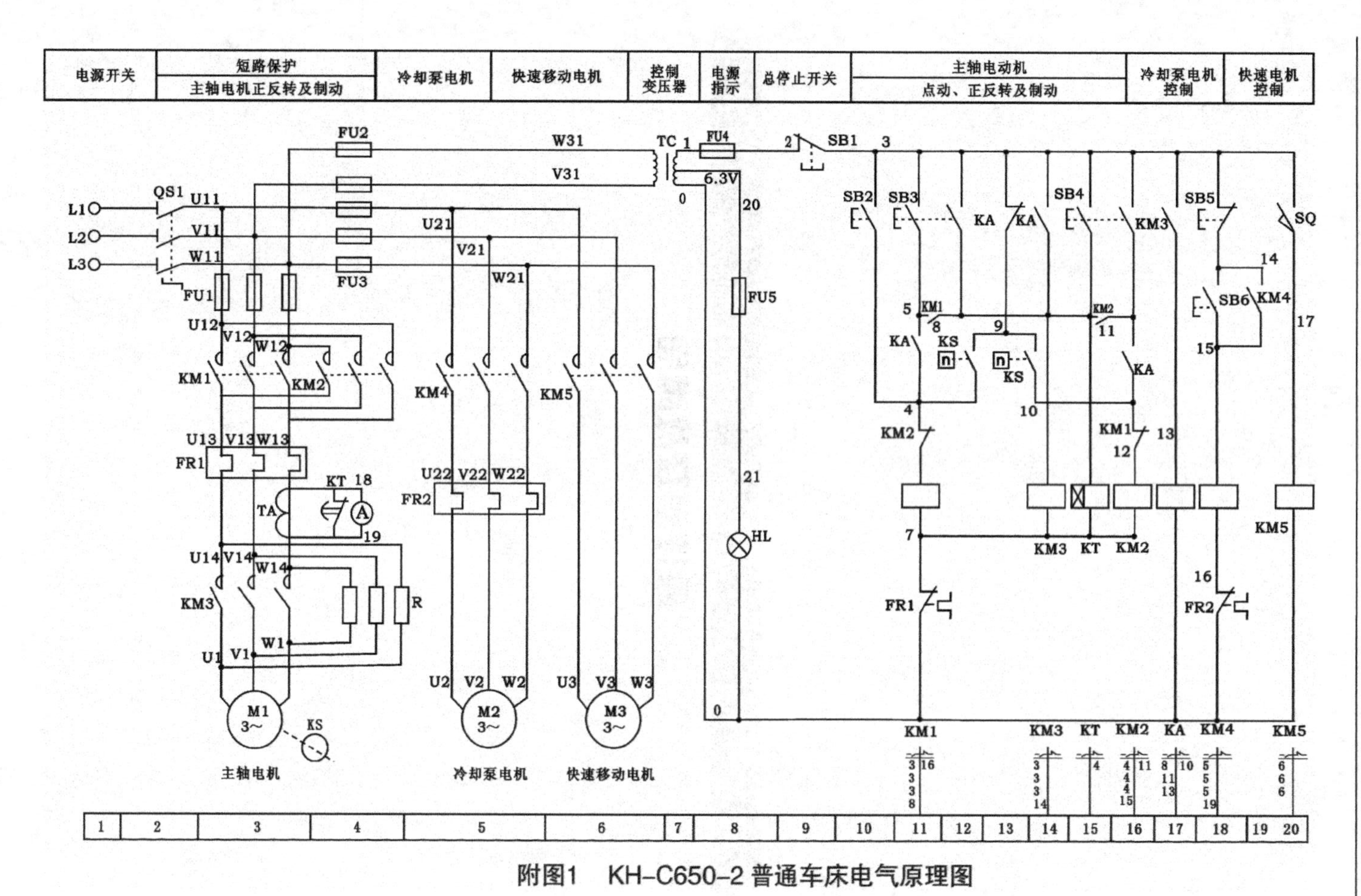

附图1　KH-C650-2普通车床电气原理图

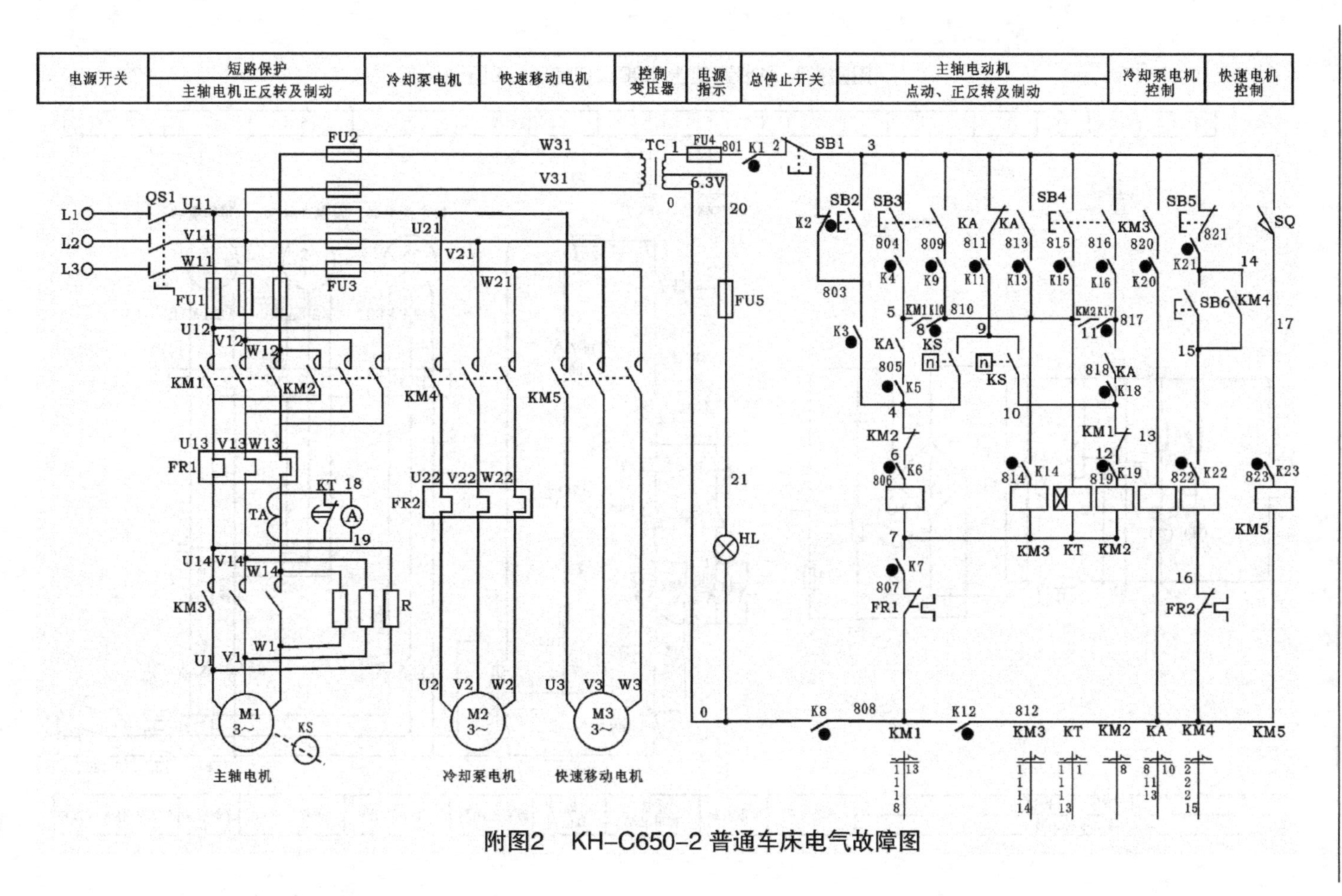

附图2　KH-C650-2 普通车床电气故障图

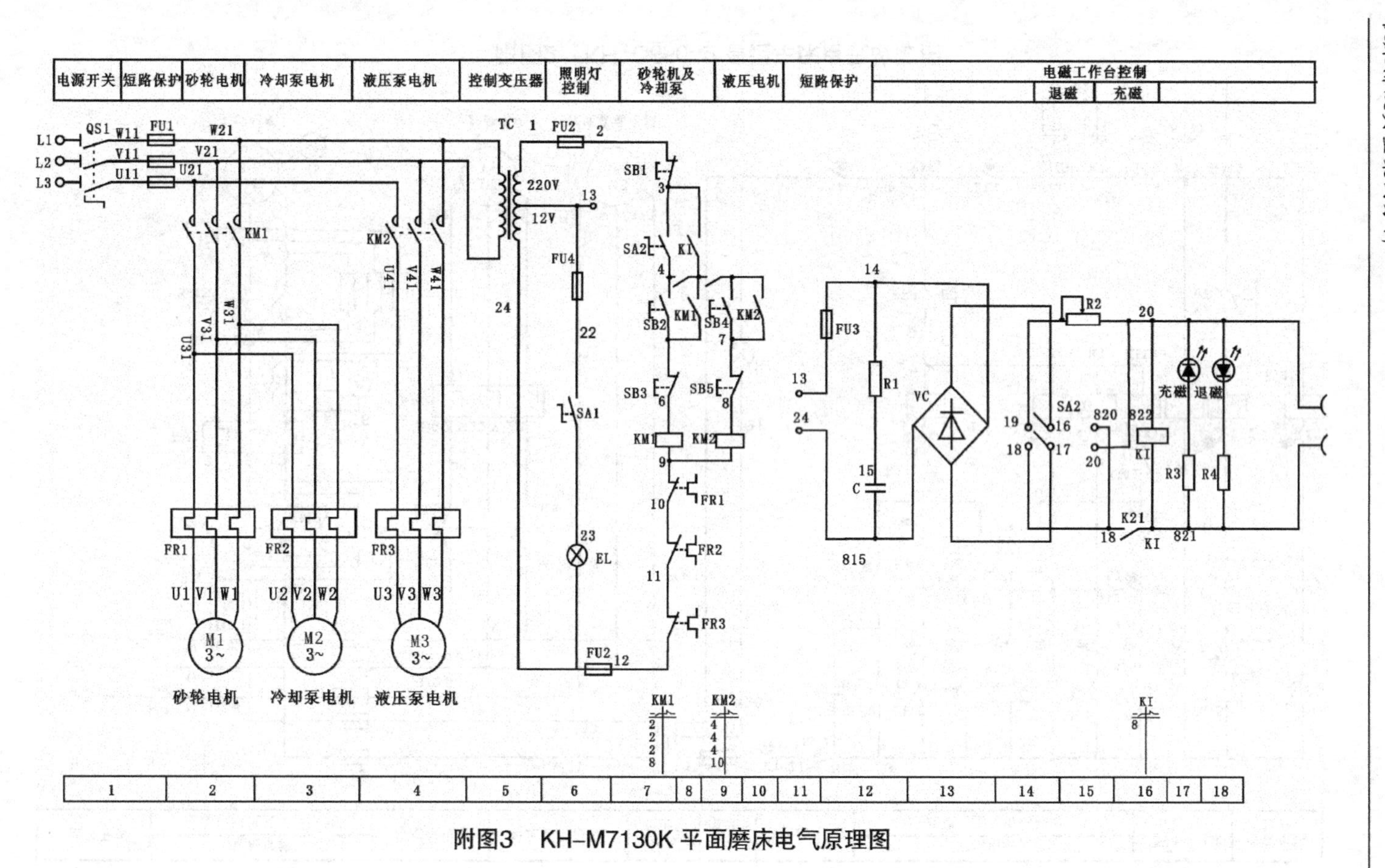

附图3 KH-M7130K 平面磨床电气原理图

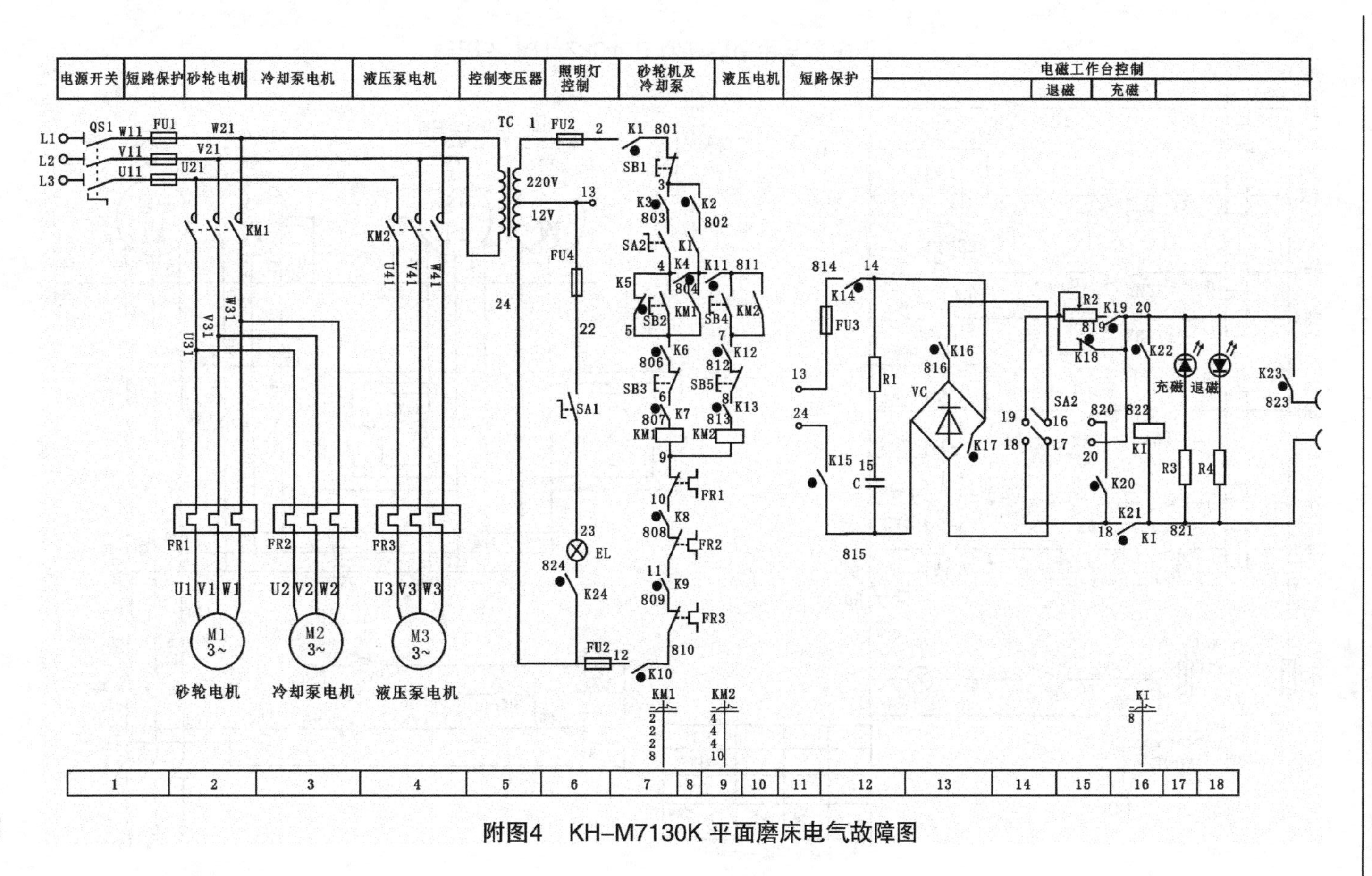

附图4　KH-M7130K 平面磨床电气故障图

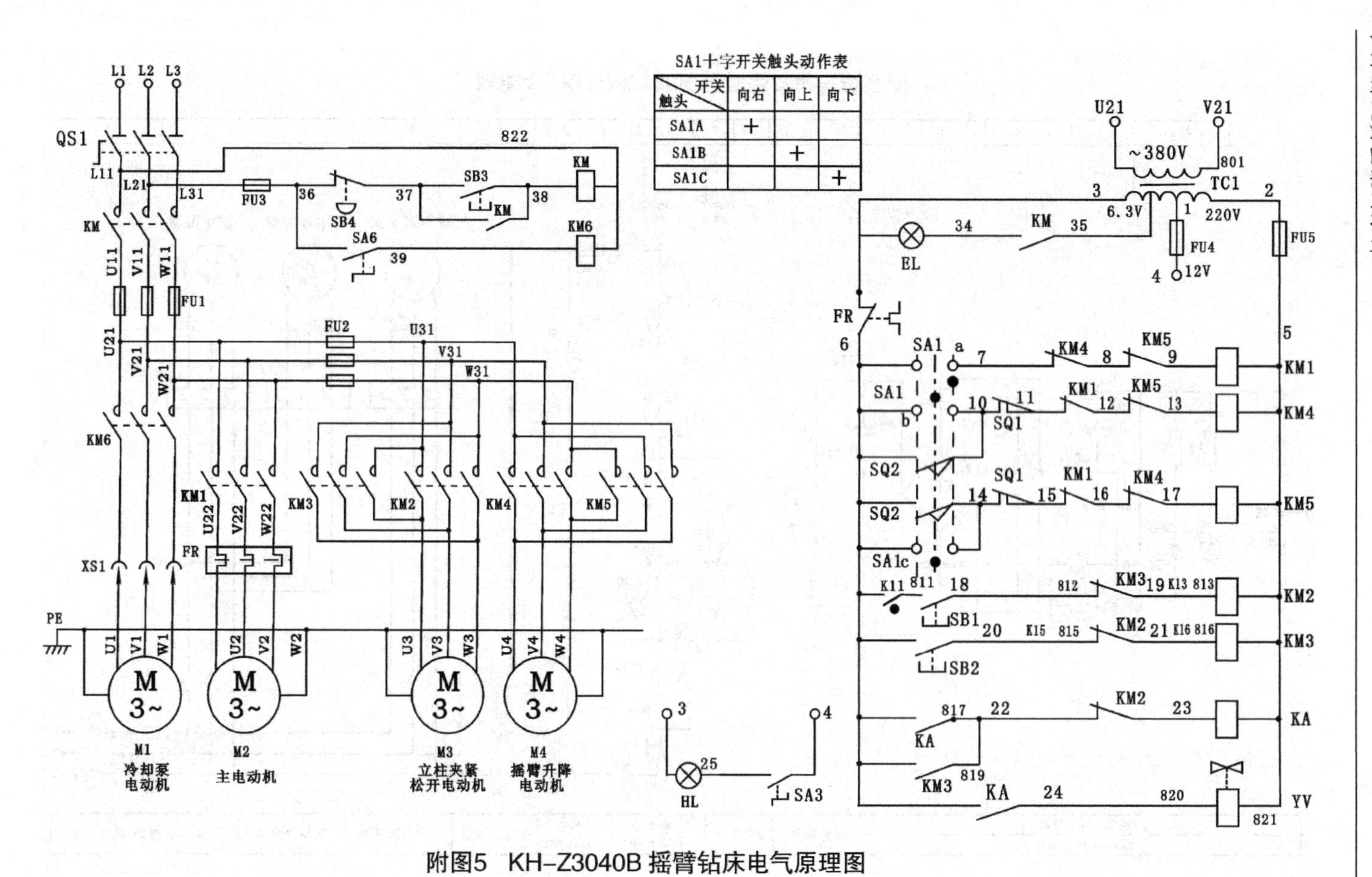

SA1十字开关触头动作表

触头＼开关	向右	向上	向下
SA1A	+		
SA1B		+	
SA1C			+

附图5 KH-Z3040B 摇臂钻床电气原理图

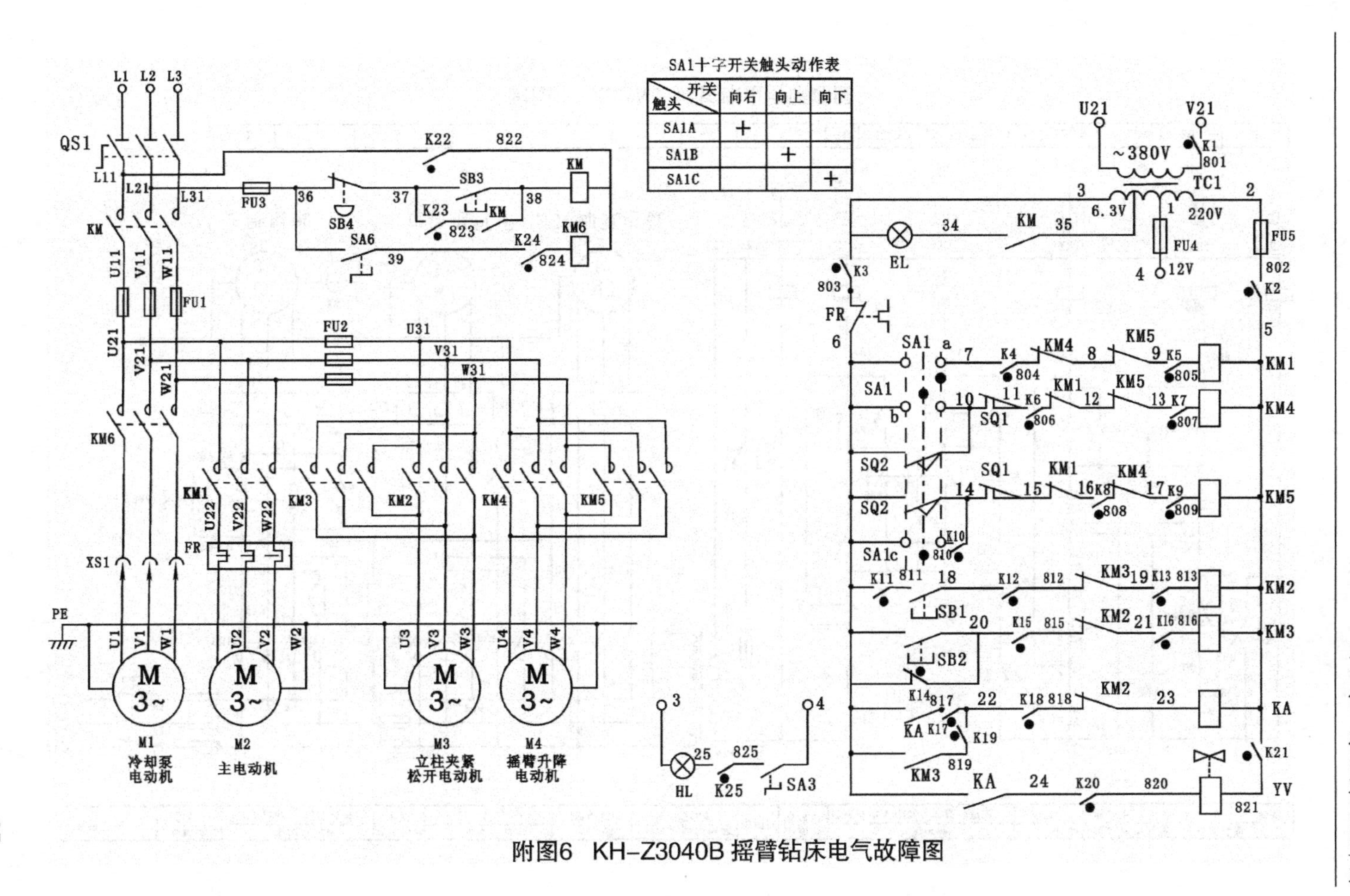

触头＼开关	向右	向上	向下
SA1A	+		
SA1B		+	
SA1C			+

附图6　KH-Z3040B 摇臂钻床电气故障图

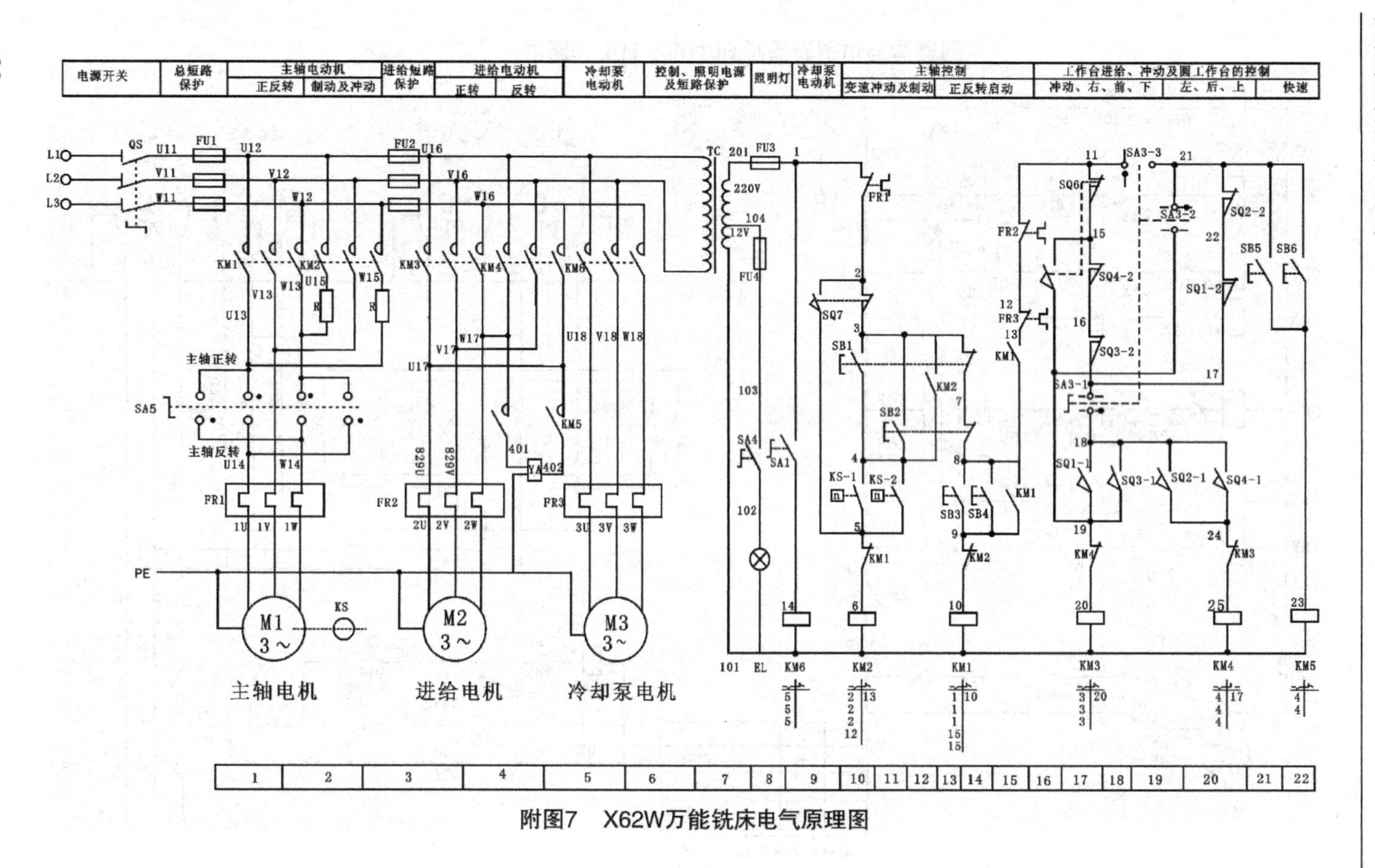

附图7　X62W万能铣床电气原理图

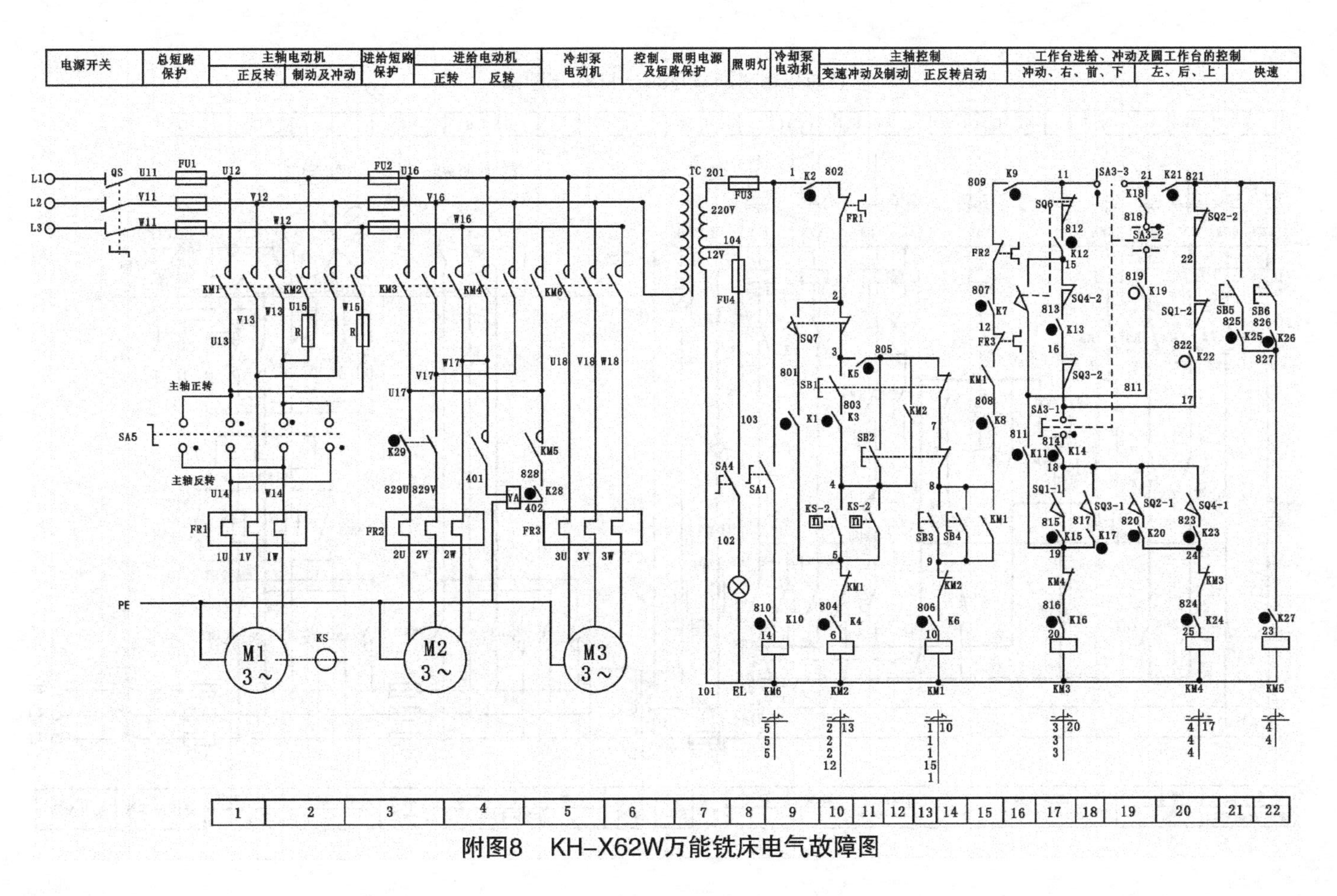

附图8　KH-X62W万能铣床电气故障图

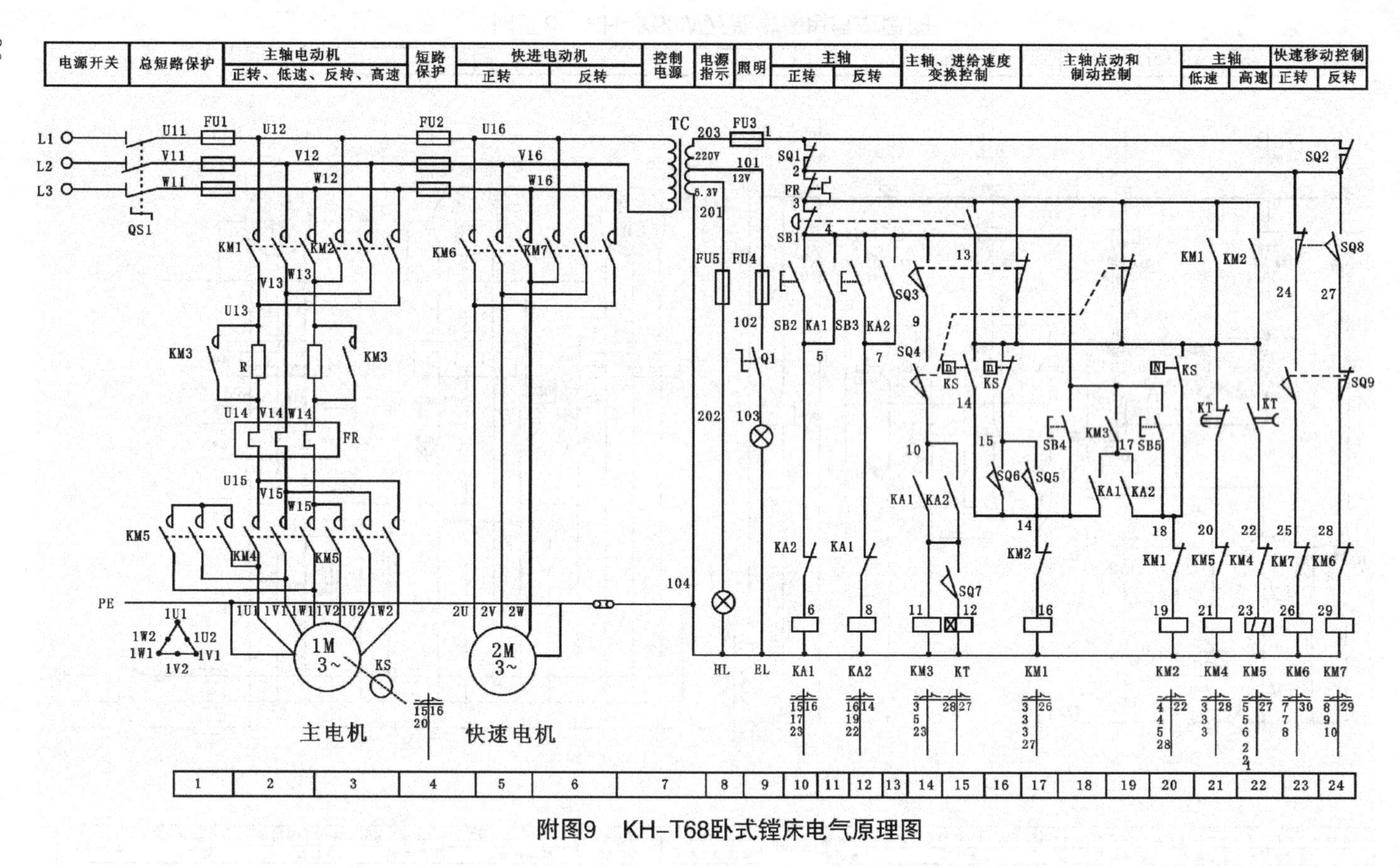

附图9　KH-T68卧式镗床电气原理图

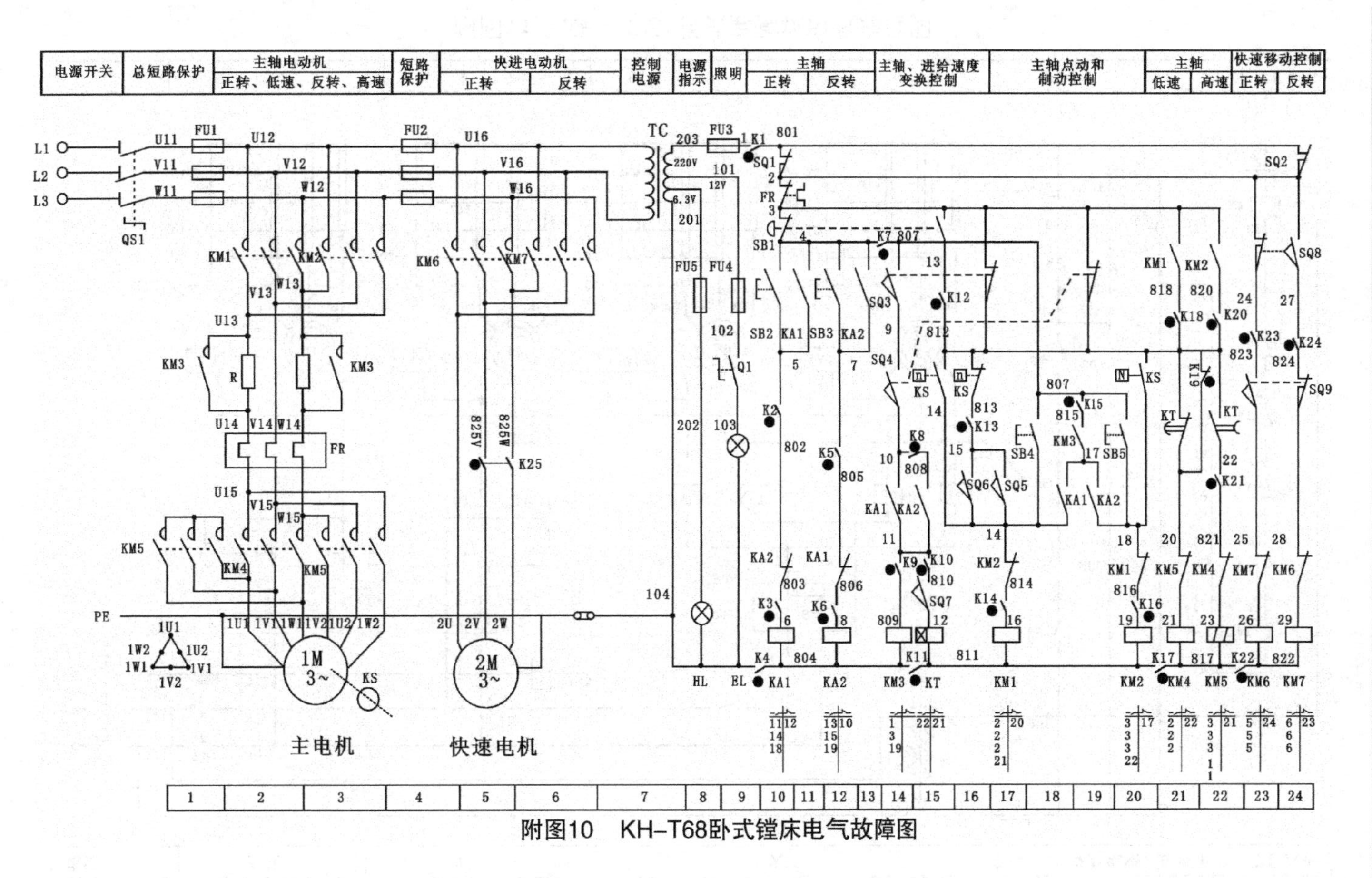

附图10 KH-T68卧式镗床电气故障图

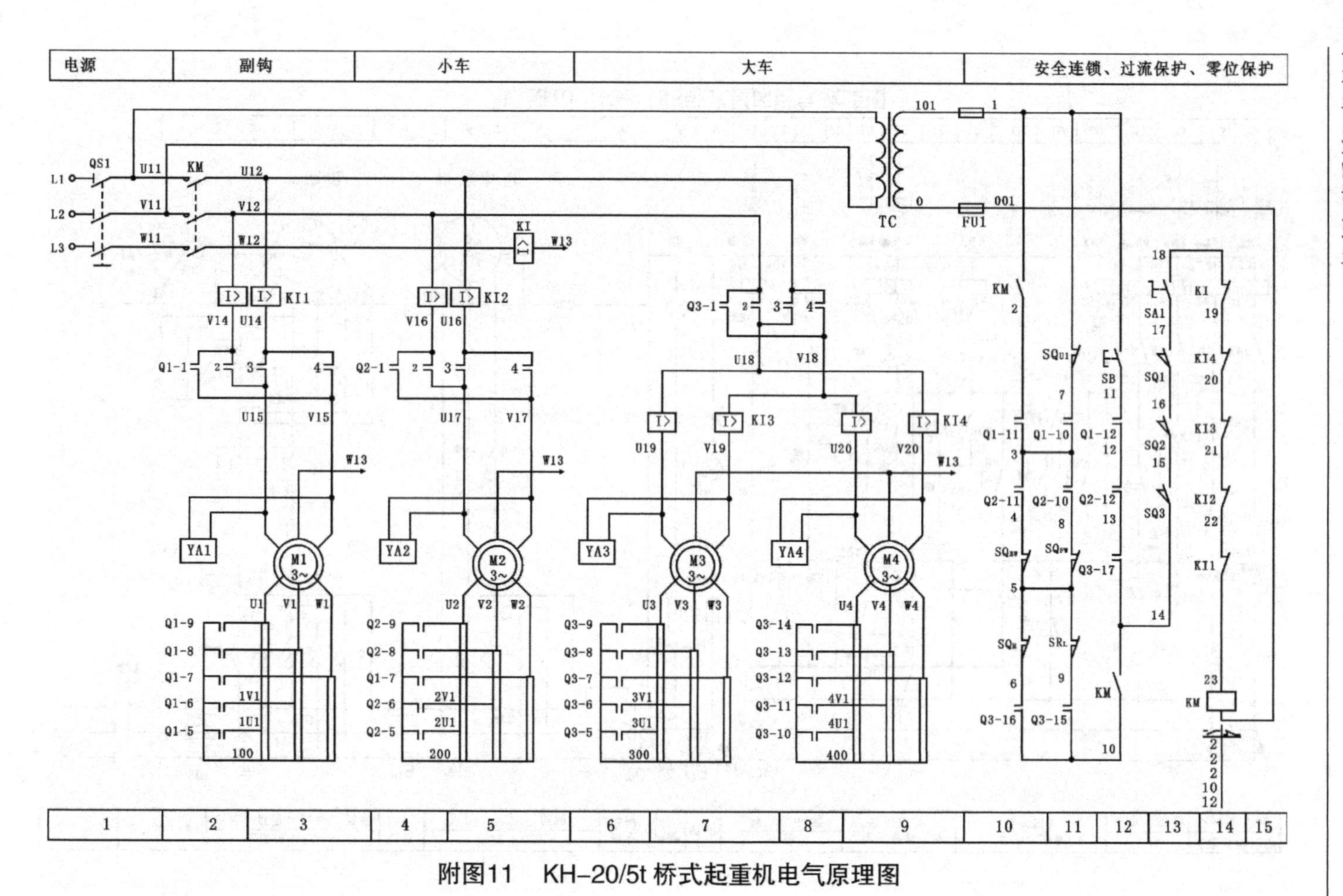

附图11　KH-20/5t 桥式起重机电气原理图

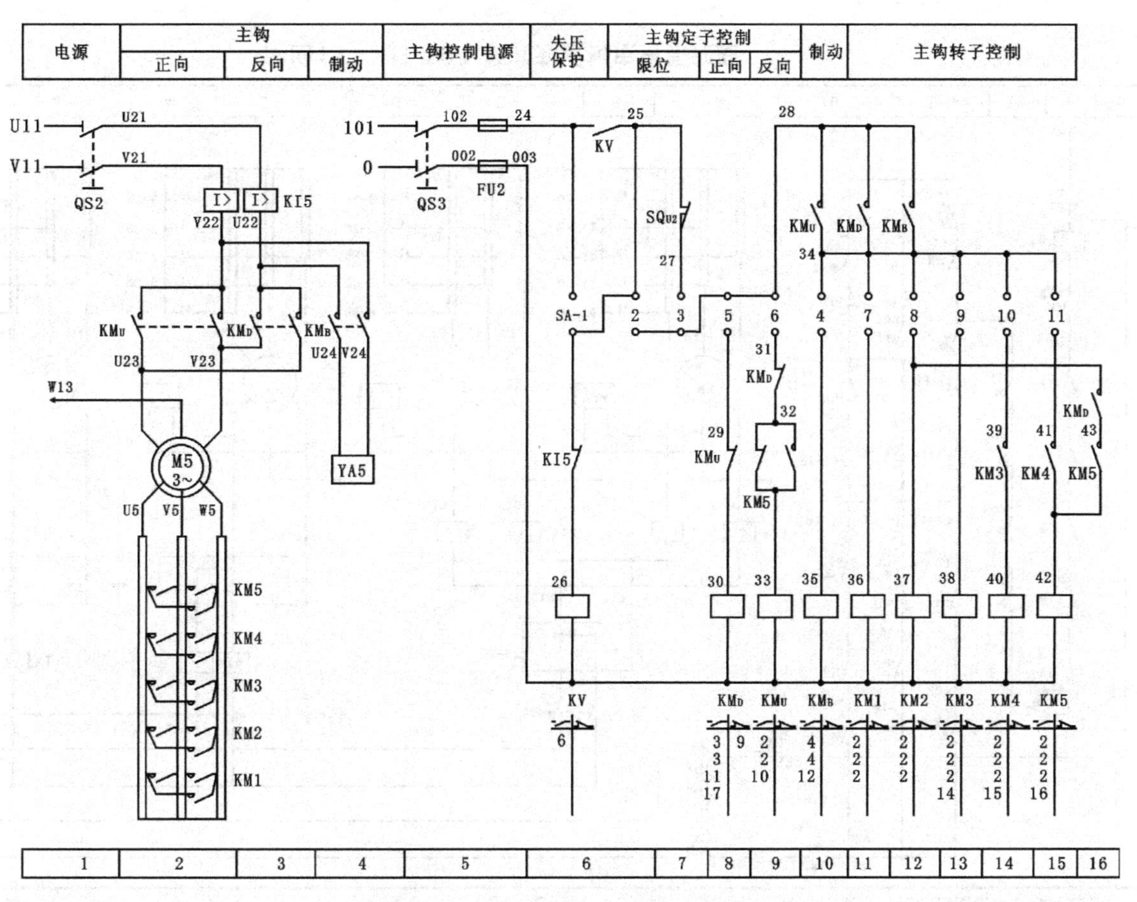

附图12　KH-20/5t桥式起重机电气故障图

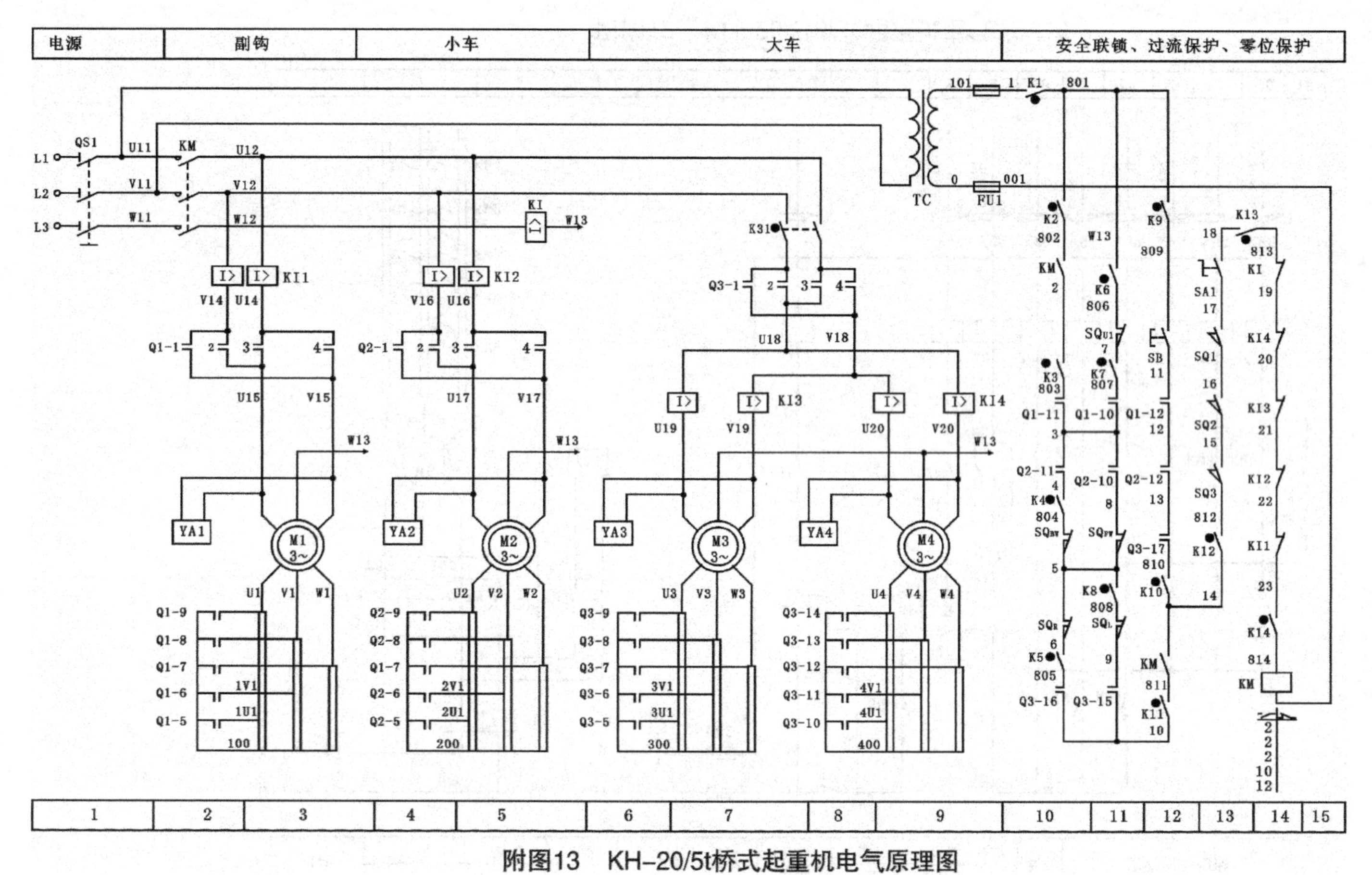

附图13 KH-20/5t桥式起重机电气原理图

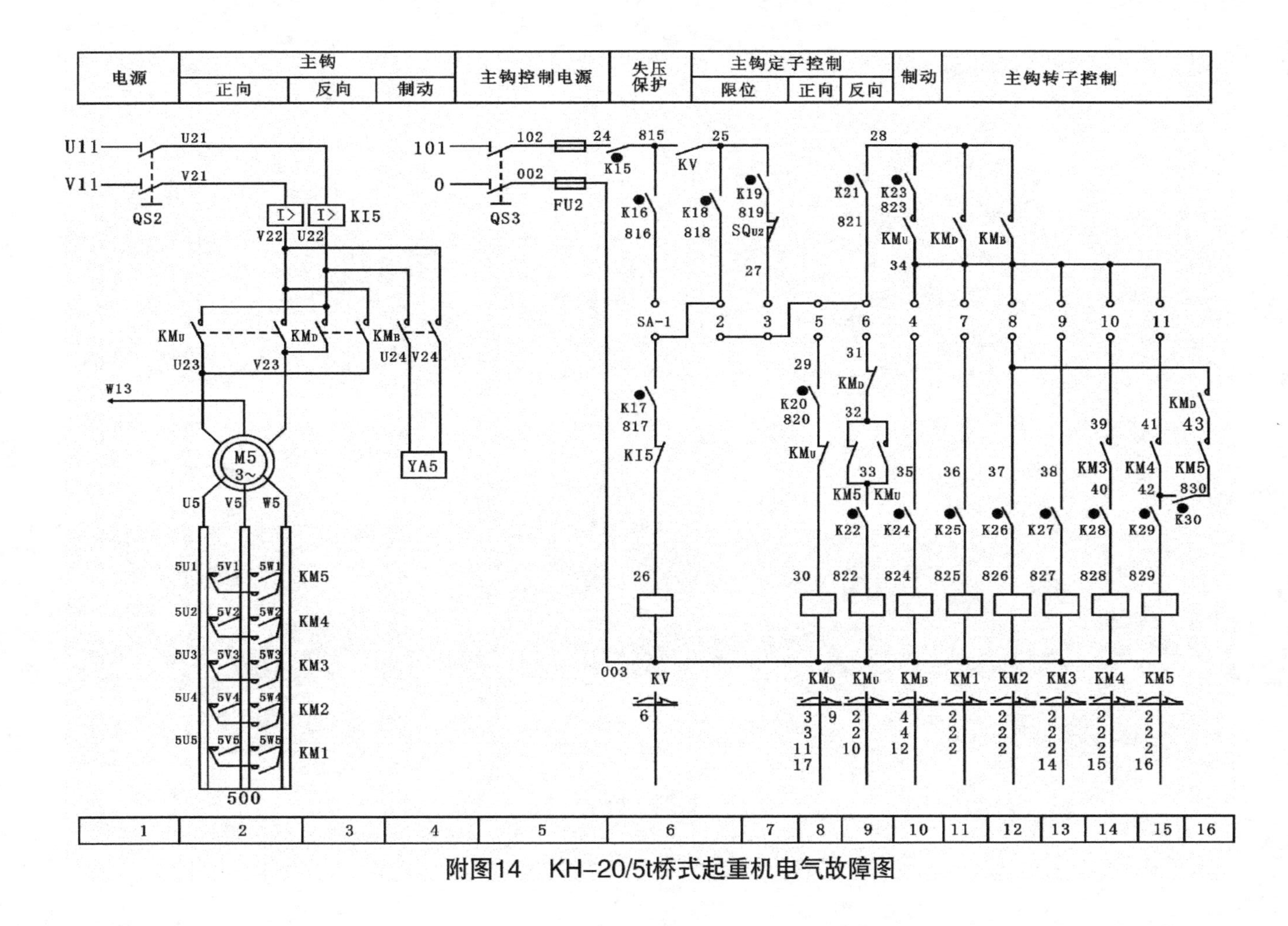

附图14　KH-20/5t桥式起重机电气故障图

图书在版编目(CIP)数据

机床排故典型案例分析 / 陈晓萍主编. 一 南京：南京大学出版社，2017.11

ISBN 978-7-305-19598-3

Ⅰ. ①机… Ⅱ. ①陈… Ⅲ. ①机床一电路一故障修复一中等专业学校一教材 Ⅳ. ①TG502.7

中国版本图书馆 CIP 数据核字(2017)第 279473 号

出版发行 南京大学出版社
社　　址 南京市汉口路 22 号　　邮　　编 210093
出 版 人 金鑫荣

书　　名 机床排故典型案例分析
主　　编 陈晓萍
责任编辑 刘　洋　吴　汀　　编辑热线 025-83592146

照　　排 南京理工大学资产经营有限公司
印　　刷 虎彩印艺股份有限公司
开　　本 787×960　1/16　印张 6.5　字数 100 千
版　　次 2017 年 11 月第 1 版　2017 年 11 月第 1 次印刷
ISBN 978-7-305-19598-3
定　　价 19.80 元

网　　址：http://www.njupco.com
官方微博：http://weibo.com/njupco
微信服务号：njuyuexue
销售咨询热线：(025)83594756
